JN334661

中学受験算数

応用問題を「図」と「比」で解く！

藤原尚昭

目　次

はじめに･･･ 5

第1章　図形編

1　平面図形･･････････････････････････････････ 8

問題1　2つの正方形　10

問題2　角度と長さ　13

問題3　等しい長さと補助線　17

問題4　正三角形と棒の移動　21

問題5　直角二等辺三角形　26

問題6　（正）六角形　28

問題7　正十二角形　32

問題8　長方形と正方形　35

問題9　円の分割　38

2　立体図形･････････････････････････････････ 42

問題10　最短距離と展開図　45

問題11　水そうとグラフ　48

問題12　正多面体の性質　53

問題13　積み木を積む　58

問題14　トンネル問題　62

問題15　立体図形と道順　65

もくじ

第2章　文章題編

1　線分図 ··· 70
　　問題16　倍数変化算　72
　　問題17　消去算（上皿てんびん）　75
　　問題18　通過算　78
　　問題19　流水算　82
　　問題20　ベン図・表・線分図　85
　　問題21　食塩水とてんびん　89

2　面積図 ··· 94
　　問題22　食塩水と面積図　97
　　問題23　面積図とてんびん　100
　　問題24　面積図と平均算　104
　　問題25　図形と面積図　106
　　問題26　予定と逆　110
　　問題27　上り坂と下り坂と平地　114
　　問題28　面積図の問題点について　117

3　表 ·· 122
　　問題29　平均算と表　124
　　問題30　ゲームをしよう　126
　　問題31　お金の支払い方　130
　　問題32　整数の各位の操作　133

4　グラフ ··· 137
　　問題33　マイナスのつるかめ算　139
　　問題34　差集め算とつるかめ算　142

問題35　3種類のつるかめ算　144
問題36　長椅子問題　148
問題37　年令算　150
問題38　文章題と数の性質　153
問題39　ニュートン算①　156
問題40　ニュートン算②　161
問題41　ニュートン算③　164
問題42　グラフを読み取る　167
問題43　間の距離のグラフ　170
問題44　通過算とグラフ　173
問題45　音の問題　175
問題46　流水算とグラフ　180
問題47　時計算という例外　183

第3章　図の描けない（描かない）問題編

問題48　小数と分数　188
問題49　単位分数　191
問題50　約束記号　196

おわりに ･････････････････････････････････ 201

はじめに

　これまで中学受験専門の進学塾や家庭教師として算数を 20 年以上も教えてきた中で、いくつかの疑問がありました。

　なぜ、いきなり式を立てようとするのだろう？
　なぜ、そんな面倒な式を立てるのだろう？
　なぜ、そんな面倒な数字を使うのだろう？
　なぜ、式とは関係ない図を描くのだろう？

　……などなどです。
　特に、家庭教師をして 1 対 1 で教えているときに強く感じていた疑問でした。もちろん、このことは彼等だけのせいではありません。なぜなら、どこか (多くは塾) で、誰か (多くは算数の担当者) からそう教わったから、そうしている場合が、ほとんどでしょう。
　確かに簡単な問題では、何もしなくてもいきなり式は立ちます。ミスさえしなければ正解を出すことは、できるかもしれません。
　しかし、学年が 5 年、6 年と上がっていき、条件が複雑になってきたらどうでしょう。だんだんに条件の関係がつかめなくなってしまいます。そうすると、答えを出すための式が立たなくなってきます。当然ですが、正解の数が少なくなり、点数も下がっていきます。

　それでは、どうすればいいのでしょうか？

　結論は 2 つです。
　1 つは、**その問題に最も適した図を描く**ことです。条件が複雑な問題は、頭の中だけで整理することは難しいです。だから、目に見

える形に直して条件の関係をつかめばいい、というわけです。ただ、図というのは、描けば自動的に式が立ち、答えが出るわけではありません。問題文の関係を整理し、その図をもとにして式が立たなければ、**ただの落書きと同じです。**

もう1つは、**なるべく簡単な数字を使うこと**です。一番いいのは1けたの整数、次が2けたの整数。なるべく、小数や大きなけたの数を使わないようにすることです。分数は、うまく利用すれば整数と同じように使えます。このようになるべく簡単な整数を利用して算数を解くことを「比」といいます。この利用を上達させることが、中学受験算数を制するポイントだといえるでしょう。

本書は、図形編・文章題編・図の描けない（描かない）問題編の3つの章で構成されています。いいかえると、問題文に図形が条件としてある問題と、ない文章題のうち、図を描くことがポイントとなる問題と、数字だけを整理して処理する問題に分けられています。よくある算数の分野別ではなくて、図によって分類してあります。

難度の高い問題をなるべく簡単に解く、ということが本書の最大の目的です。ただ、単に難しい問題だけではなく、工夫できる問題も取り上げています。あわせてその問題に関する知識の確認もしているものもあります。問題によっては、同じ内容の基本的な別の問題を取り上げているものもあります。一般的な説明を比較のために示している問題もあります。そうすることで本書の解説との違いがはっきりしてくると思います。

そして必ず最後に、それぞれ最初に取り上げた問題の解説を付けています。

この本を通じて、少しでも算数の応用力が向上することを願っています。

第1章　図形編

　図形問題の特徴は、問題の条件に図形があることです。ただし、平面図形と立体図形では、その図形の利用法はまるで違います。

　平面図形では、テキストにある図をノートに写すことは誰にでもできます。あとはそれに何を書き加えるかで、答えが出るかが決まります。平面図形は、見た目とは違って意外と難しい問題があり、中学受験算数の各分野の中でも、一番やっかいかもしれません。

　一方、立体図形は、ただ問題文にある図を写しても、答えが出ることはほぼありません。もしそれで答えが出たとしたら、図など必要もない簡単な問題だけでしょう。立体図形が苦手だという声はよく聞きます。ただ、個人的には平面図形の方が、立体図形より難度は高いのではないかと思います。というのも、もし立体図形を平面図形並みに難しくしてしまうと、ほとんど正解が出なくて、テストにならないからです。ですから、しっかりとした対応力を身につけていけば、得意分野になる可能性すらあります。

1 平面図形

　平面図形は図を描く習慣を身につけさせるのに最適な分野です。少なくとも、図をコピーすることはできるはずです。しかし、それだけでは図を描いたことにはなりません。図に一番先に入れるのは数字です。ただ図に数字を書き入れるだけで答えが出るのなら、描く必要がないかもしれません。

　たとえば、次のような平面図形の図をノートに描きなさい、と指示したとします。

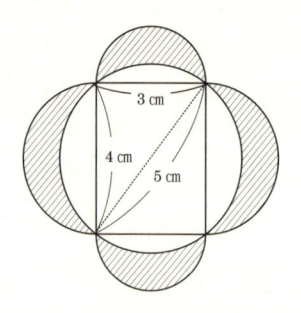

　ここでは斜線部分の面積を求めますが、この図を写しただけなら、ほぼ確実に円周率 3.14 を使って式を立てはじめるはずです。図形の基本ができてさえいれば、答えまでたどり着くかもしれませんが、それなりに時間がかかるはずです。しかも、もし長方形から写しはじめたとすると、曲線を正確に描くことは、けっこう大変でしょう。円も扇形も、うまく描くには、ある程度の練習が必要です。

　ここでは、次のような図を描いてほしかったのです。

第1章　図形編

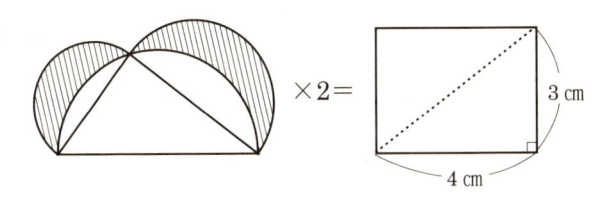

> ヒポクラテスの三日月　斜線部分の面積＝直角三角形の面積

ヒポクラテスの三日月×2＝直角三角形×2
　　　　　　　　　　　＝長方形
　　　　　　　　　　　＝3×4
　　　　　　　　　　　＝12cm²

　図を描くのと写すのは違います。「図を写す」というのは、ただ問題文にある図をノートに模写するだけで、そこからは式は生まれません。それに対し「図を描く」というのは、自分なりに図を工夫して描き、条件を書き入れ、それをもとに式が立つものをいいます。図が式を決めるのです。

　平面図形には、感覚やセンスのようなものが必要な問題があります。それをみがくには、ある程度以上の問題をコンスタントに解かなければなりません。多少問題を解いて、平面図形が得意になっても、しばらく触れないと、感覚が鈍ってしまう場合が多いからです。

1 平面図形

■問題1 2つの正方形

下の図のような1辺の長さが7cmの正方形2つを、点Aどうし、点Bどうしがそれぞれくっつくように重ねたとき、重なっている部分がつくる七角形の周の長さは□cmです。

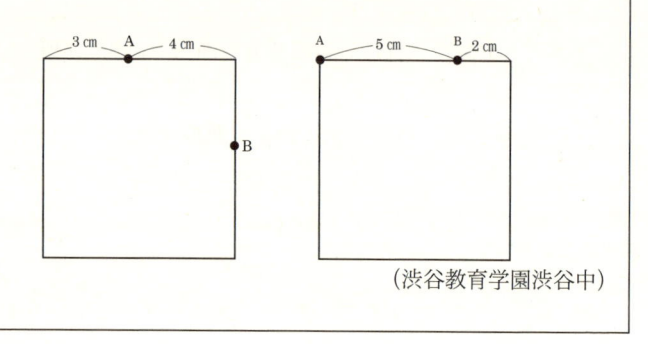

(渋谷教育学園渋谷中)

【解説1】

正方形の性質

もし入試レベルで引っかかるとすれば、正方形の基本性質についてでしょう。

「正方形とは何でしょうか」と質問すると、4つの辺と4つの角が等しい90度である四角形だと答えるでしょうが、それでは正方形の説明としては、ピントがぼけています。向かい合う辺が等しいのは、平行四辺形・ひし形・長方形も同じです。正方形の基本性質で一番ポイントになるのは、**隣り合う辺の長さが等しい**、ということです。

第1章　図形編

一般的な説明

　この問題は、それほど難問というわけではありません。3辺が3：4：5の直角三角形を利用してていねいに出していけば、答えは、誰でも求めることができます。

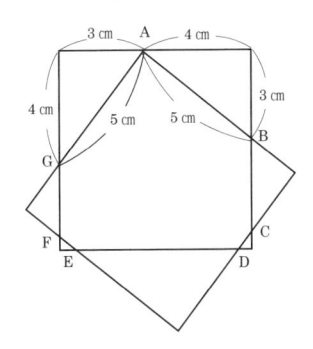

　まず、辺ABと辺GAは5cmであることはすぐにわかります。

　次に、辺BCは、$7-5=2$cm、$3:5=2$cm：□cm、□$=\dfrac{10}{3}$cmとなってしまい、ここで早くも分数になってしまいます。

　分数になったことを気にせずに計算を続けていくと、辺CDは、$7-3-\dfrac{10}{3}=\dfrac{2}{3}$cm、$4:5=\dfrac{2}{3}$cm：□cm、□$=\dfrac{5}{6}$cmになります。

　辺DEは、$3:4=2$cm：□cm、□$=\dfrac{8}{3}$cm、$7-\left(\dfrac{8}{3}+\dfrac{5}{6}\right)=\dfrac{7}{2}$cm、$3:5=\dfrac{7}{2}$cm：□cm、□$=\dfrac{35}{6}$cmになります。

　次に、辺EFよりも辺FGの方が出しやすいので、こちらを先に求めます。$7-5=2$cm、$4:5=2$cm：□cm、□$=2.5$cmです。

　最後に辺EFは、$7-4-2.5=0.5$cm、$3:5=0.5$cm：□cm、□

1 平面図形

$= \dfrac{5}{6}$ cmなので、これらをすべてたすと、七角形の周りの長さを求めることができます。

辺 AB ＋辺 BC ＋辺 CD ＋辺 DE ＋辺 EF ＋辺 FG ＋辺 GA
$= 5 + \dfrac{10}{3} + \dfrac{5}{6} + \dfrac{35}{6} + \dfrac{5}{6} + 2.5 + 5 = 23\dfrac{1}{3}$ cm

計算は面倒くさいですが、考え方も式も正しいです。ただ、式があまりにも多く、時間がかかってしまい、しかもどこか1つでもミスすると不正解になってしまうおそれがあります。

―――――― 問題 1 の解説 ――――――

よく、計算の工夫をしなさい、といわれます。分配法則や約分などを使って、工夫するわけですが、一番の計算の工夫は、式を立てるときにされます。なるべく少ない式で、なるべく短い式を立てる。その時使う数字は、なるべく整数、それもできれば1けたがいいに決まっています。

この問題ですが、2つの正方形を重ねたことでできる7個の直角三角形の周の合計と、2つの正方形の周の合計は、同じになっています。これが、この問題を解くポイントです。

7つの直角三角形は、すべて相似で、辺の比は、3：4：5です。ということは、直角三角形の3辺の比の合計は、3 ＋ 4 ＋ 5 ＝ 12となります。これに対して、求める七角形の辺は、すべて直角三角形の辺の比の5になっています。

そこで、正方形2つの周の合計と、七角形の周の比は、12：5になります。

つまり、七角形の周の長さは、1辺7cmの正方形2個分の、$\dfrac{5}{12}$

第 1 章　図形編

倍です。

$$7 \times 4 \times 2 \times \frac{5}{12} = \frac{7 \times 2 \times 5}{3}$$
$$= \frac{70}{3}$$
$$= 23\frac{1}{3} \text{ cm}$$

これが、辺が 7 個ある多角形の周の長さです。

■問題2　角度と長さ

次の問いに答えなさい。

(1) 図 1 は正方形のマス目の方眼紙を使ってかいた三角形です。

角 ABC の大きさを求めなさい。

図 1

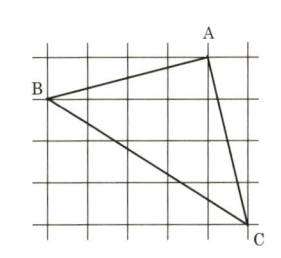

(2) 図 2 の四角形 ABCD は長方形です。角 BPC の大きさを求めなさい。

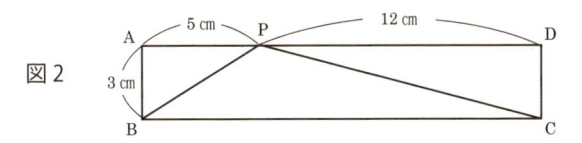

図 2

1 平面図形

(3) 図3の四角形ABCDは正方形です。角QACの大きさと角BAPの大きさが等しいとき、BPの長さを求めなさい。

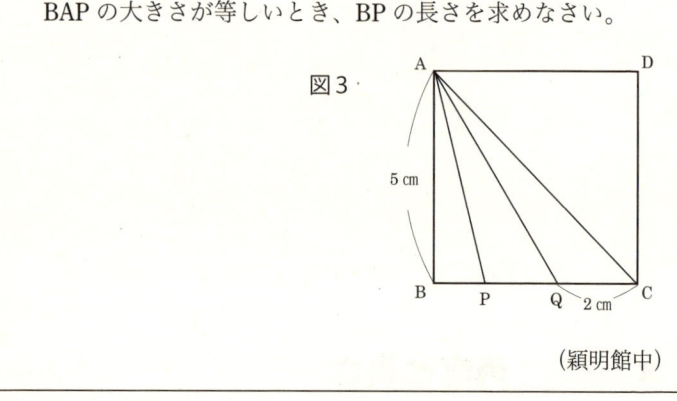

図3

(穎明館中)

【解説2】

直角二等辺三角形の利用とマス目

正方形のマス目がある問題を時折見かけます。そして、意外と難度が高い場合があります。主に面積を求める問題と、この問題の(1)(2)のように角度を求める問題があります。

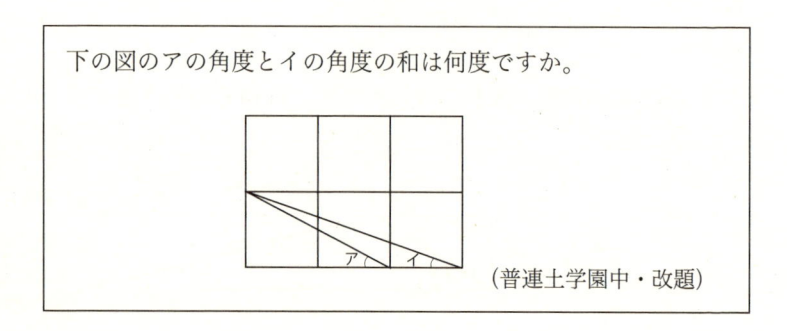

下の図のアの角度とイの角度の和は何度ですか。

(普連土学園中・改題)

条件がこれだけだと、やや難しいかもしれません。というのも、この問題には、もともとは「底辺②、高さ①の直角三角形と合同な三角形をいくつか作りなさい」というヒントがついています。「いくつか」ということは、1つではないことはわかります。

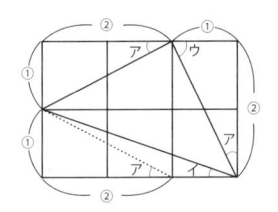

　上の図のように、さらに2つの直角三角形を作ります。そうすると、中に直角二等辺三角形ができます。

　「できます」と簡単に書きましたが、この中の三角形が、**本当に直角二等辺三角形かどうかは、確認してほしい**ところです。まず辺の長さは、2つの合同な直角三角形の斜辺だから、等しいことは問題ないとして、角度が90度かどうかが問題です。上の図でア＋ウ＝180－90＝90度で、一直線からア＋ウを引くと180－90＝90度となり、中にできた三角形は直角三角形だと分かります。

　アの角度とイの角度の和は、長方形の4つの角である直角から直角二等辺三角形の45度を引いて、90－45＝45度と出せます。

―――――――――― 問題2の解説 ――――――――――

(1) この問題は、上で説明したものと同じなので説明は省略します。直角二等辺三角形なので、角ABC＝45度です。
(2) (1)に対して(2)は少し難しいかもしれません。
ただ、この問題は、(1)が重要なポイントになっています。図1の

1 平面図形

三角形 ABC の頂点 C のところに注目すればいいのです。

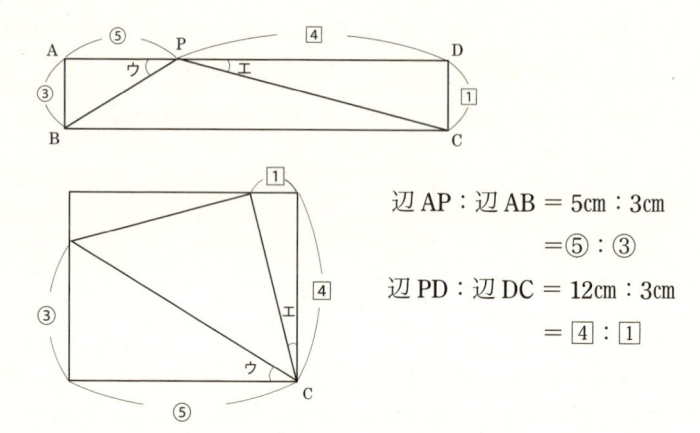

辺 AP：辺 AB ＝ 5cm：3cm
　　　　　　＝ ⑤：③

辺 PD：辺 DC ＝ 12cm：3cm
　　　　　　＝ ④：①

ウ＋エは、長方形の角 90 度から、直角二等辺三角形の 45 度を引いた角度なので、90 － 45 ＝ 45 度になります。そこで、角 BPC は、一直線からウ＋エを引いたものなので、180 － 45 ＝ 135 度になります。

(3) この問題も、(1) を利用して解きます。見た目だけでいえば、正方形に対角線を含む直線が 3 本あるだけで、複雑とは言えません。数字の条件は長さが 2 個、あとは角度が等しいという条件だけです。

この問題が **(2) より難しいのは、補助線が必要なこと**です。では、どこに引けばいいのでしょうか。

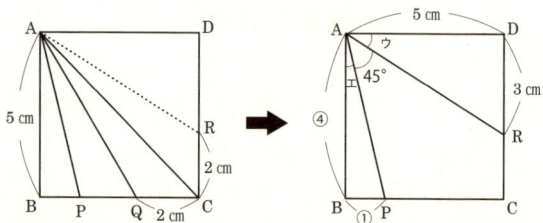

辺 CD 上に C から 2cm のところに点 R をとり、補助線 AR を引き

❀❀ 16 ❀❀

ます。すると角 BAP ＝角 QAC ＝角 CAR になります。角 BAC ＝ 45 度ですが、角 BAP と角 CAR を入れ替えると、角 BAC ＝角 PAR ＝ 45 度です。すると (1) の点 C と (3) の点 A は同じとなり、辺 AB：辺 BP ＝ 4：1 ＝ 5cm：□cm、□ ＝ 1.25cm とわかるのです。

■問題3 **等しい長さと補助線**

> 次の図は、CD ＝ 7cm、面積が 18cm² の四角形 ABCD です。また、2 本の対角線 BD と AC は四角形 ABCD の内部で交わっていて、BD ＝ 10cm、AC ＝ BC、角 BCA ＝ 90 度です。この時、三角形 ACD の面積を求めなさい。ただし、図は正確とは限りません。
>
> (算数オリンピック)

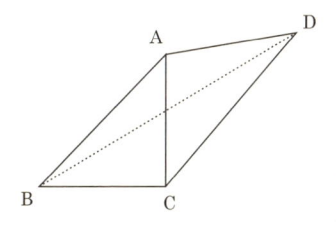

【解説3】

等しい長さという条件

問題文でも図の中の条件でも、**等しい長さ**が出てきたら、考えなければならないことが、2 つあります。1 つ目は**二等辺三角形**で、2 つ目は**合同**です。ただ、おそらくほとんどは二等辺三角形の性質を

1　平面図形

利用して解くことになると思います。逆にいえば、合同を利用する問題は中学入試では難しいことが多いです。

補助線の難しさ

補助線は、以前引いたことがあったり、習ったことがあったりしない限り、簡単には引けません。ところが、算数が苦手であればあるほど、補助線を引きたがります。

どうして補助線を引くと算数が苦手だとわかるのかというと、平面図形は、線がたった1本増えただけで急に難しさが増すからです。もし2本増やしたら、解くことはほぼ困難になるでしょう。それなのにいきなり補助線を引くのは、自分で自分の首をしめているようなものです。また、そのことに気がついていないのだから、まだ練習量が足りていないと想像されるわけです。

補助線を引くということは、しっかりとした目的がなくてはいけませんし、それを引く根拠も必要です。ただ何となく引いて、正しい補助線が引けることはまずありません。

―――――― 問題3の解説 ――――――

さてこの問題ですが、入試問題ではありません。図は単純ですし、数字の条件も少ないので、やさしく見えるかもしれません。

こうした問題を解くときに大切なのは、条件の優先順位を決めることです。この問題では辺AC＝辺BCという、等しい長さという条件が、一番重要です。ただ、それに直角という条件を加えて、直角三角形という結論を導くと、この問題は解けません。もしそれが

第1章　図形編

結論なら、おそらく簡単な問題でしょう。この場合の結論は、合同です。

　ところが問題は、この図形の中に合同な図形がないことです。そこで、合同を作るための補助線が必要になってきます。ただ、1本目の補助線は比較的容易に引けるのではないでしょうか。

　辺AC＝辺BCに注目して、どちらかの辺を含む三角形を考えると三角形BCDが見えてきます。

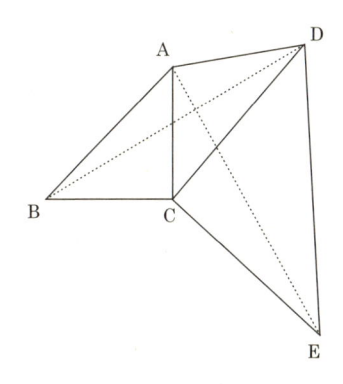

　そこで、角DCE＝90度となるように点Eを取り、直角二等辺三角形DCEを作ると辺CD＝辺ECで、角BCDと角ACEはともに90度＋角ACDなので等しく、もともと辺BC＝辺ACなので、三角形BCDと三角形ACEは合同になります。ということは、辺BD＝辺AE＝10cmです。また、辺CD＝辺CE＝7cmなので、三角形DCE＝$7 \times 7 \times \frac{1}{2} = 24.5$cm²です。

　次に点BEを結び、四角形ABEDを作るのも、ごく自然な流れでしょう。

1　平面図形

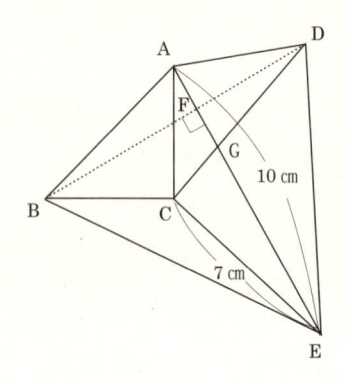

　三角形 BCD と三角形 ACE は合同だから、角 BDC ＝角 AEC です。また、角 FGD と角 CGE は対頂角なので等しいから、三角形 FDG と三角形 CGE は相似となり、角 DFG ＝角 ECG ＝ 90 度です。

　つまり、四角形 ABED は対角線 10cm が直交するので、面積は 10 × 10 × $\frac{1}{2}$ ＝ 50cm²、と出せます。

　問題は、ここからです。

　ここでもう一度図を見直し、線を整理してみます。**そのときのポイントは、残った中で等しい長さの次に重要な条件を考えることです。**

　この問題では、等しい辺の次は直角でした。

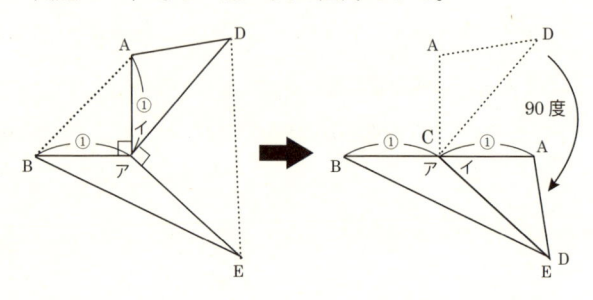

左の図で、ア＋イ＝360－90×2＝180度で、三角形ACDを90度回転させると、一直線になり、辺BC：辺CA＝①：①なので、三角形BCEと三角形ACDの面積は等しくなります。つまり、三角形ACDの面積を出すのは、三角形BCEの面積を出すのと同じです。つまり、四角形ABEDから四角形ABCDと三角形DCEをひけばいいので、50－(18＋24.5)＝7.5cm²と求められます。

なお、この問題の使用は、算数オリンピック事務局の許可を頂いています。

■問題4　正三角形と棒の移動

【注意】円周率は、3.14を用いなさい。

正三角形ABCと長さが1cmの線PQがあります。最初、点Pは辺AB上に、点Qは辺BC上にあり、PBの長さとQBの長さは、ともに1cmです。次のように正三角形の内部で動かします。図1のように、線PQを、はじめに点Qを中心として点Pが正三角形の辺上にくるまで回転させます。次に、点Pを中心として点Qが正三角形の辺上にくるまで回転させます。このように、点Qと点Pを交互に中心とする線PQの回転を、点Pが最初の位置にくるまで繰り返します。

正三角形ABCの一辺の長さが次の各場合のとき、点Pがえがく線の長さは、半径1cmの円の周の長さの何倍ですか。

(1)　3cm
(2)　4cm

1　平面図形

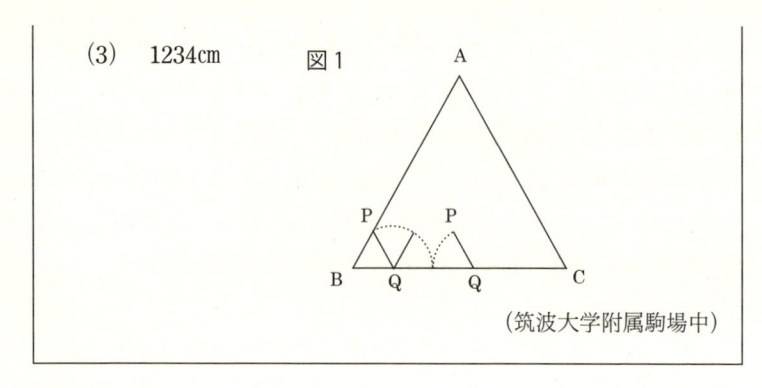

(3)　1234cm　　図1

【解説4】

応用問題の基本的構造

　この問題もそうですが、大問といわれる応用問題は、(1)〜(3)というように、小問がある場合がほとんどです。(1)は易し目で、(3)が一番難しいというのが定番のスタイルです。この問題も(1)(2)は条件が1けたなのに、(3)は4けたになっていて、一気に難しくなった印象があるかもしれません。しかし、**実は(2)をしっかり調べることで、(3)を簡単に求めることができる**、というのが、この問題の構造になっていることに気付くかが大切です。

一般的な説明

(1)　半径1cmの円周は、$1 \times 2 \times 3.14 = 6.28$cmです。点Pが描く線の長さは、半径が1cm、中心角120度の弧が2個できるので、$1 \times 2 \times 3.14 \times \frac{120}{360} \times 3 = 6.28$cm、$6.28 \div 6.28 = 1$倍となります。

(2) (1) に比べて (२) は少し注意が必要です。というのも、点 P が最初の位置にくるまで回転させる、ということが条件となっているから、2 周させないといけないからです。1 周目には 120 度が 4 個、180 度が 1 個、2 周目に、120 度が 2 個、180 度が 2 個あるので、$1 \times 2 \times 3.14 \times (\frac{120}{360} \times 6 + \frac{180}{360} \times 3) = 21.98$ cm となり、$21.98 \div 6.28 = 3.5$ 倍になります。

(3) 一般的な説明の欠点は、実際に弧の長さを出していることと、(2) と (3) の連動性に気が付いていないことです。そのため、式が多くなり、小数第 2 位の数字が並び、結果として正解したとしても、時間がかかってしまうような説明や式が並んでいます。

　作問者の意図を読み取り、しっかりとそれに応えた解法をして、式を立て解答を導き出すのは、大切な姿勢だと思います。

―――――― 問題 4 の解説 ――――――

(1) この問題では、(1) は普通に解くだけでしょう。ただ、最初につけた【注意】は、この問題の前に書かれていたのではなく、問題全体の最初にあったものですが、わざとつけておきました。というのも、**この問題を解くポイントは、3.14 を使わない**、ということだからです。この問題は、実際の長さを出すのではなく、何倍なのか、をきいているわけですから、ただ、点 P が描く弧の中心角の合計が、半径 1 cm の円周の何個分なのかを出せばいいのです。半径 1 cm 中心角 120 度の扇形の弧が 3 個あるので $\frac{1}{3} \times 3 = 1$ 倍です。

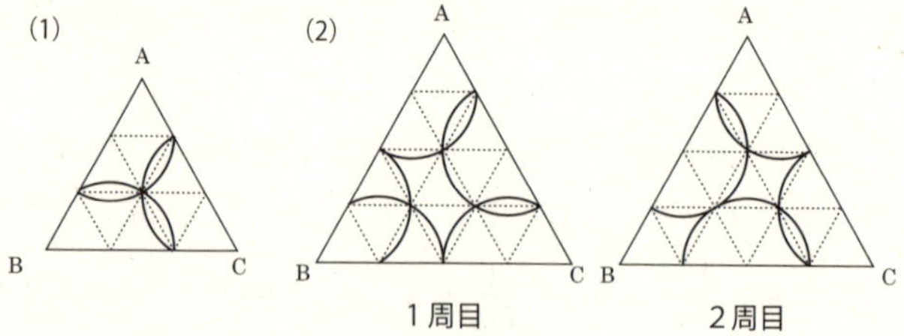

(2) 前に書いたように、1周目に120度が4個、180度が1個、2周目に、120度が2個、180度が2個あり、$\frac{1}{3}\times(4+2)+\frac{1}{2}\times(1+2)=3.5$倍になります。というわけで、この問題の山場は (2) をていねいに作図することとそれをもとに、いかに無駄のない式を立てるかでした。

(3) は、(2) の付け足しのような問題で、$\frac{1}{2}\times(1234-4)\div2\times3\times2=1845$倍、$3.5+1845=1848.5$倍と求められます。

……以上で式は終わりなのですが、これでは、おそらくは説明したことにならないでしょうから、もう少し解説を続けます。

まず、最初の$\frac{1}{2}$は、中心角180度の半円の弧のことで、(2) も登場します。これが、1234 − 4 = 1230㎝に何個あるかを出したのが次の÷2の式で、それが3辺あり、2周するのでそれぞれをかけて、(2) から (3) に増加した分を求めました。それを (2) の結果にたしたのが、(3) の答えになります。

つぎに1周目だけを確認しておきます。

第1章　図形編

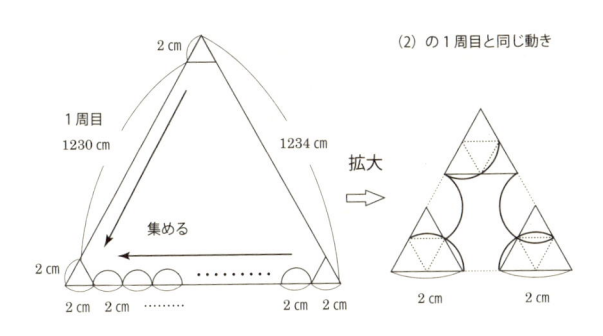

　1辺1234cmの正三角形の3つの頂点には、1辺2cmの正三角形が3つあります。その3つを集めると、(2)の1辺が4cmの正三角形と同じになります。となると(2)から(3)は、1234－2×2＝1230cmの直線に、半径1cmの半円を並べた分増えただけです。

　2周目は、1周目の繰り返しなので、ここでは省略します。

　(3)の1辺は、4cmを引いたとき偶数だったら何でもよかったのでしょうが、1234という数字の並びがきれいだったので選んだのではないかと思います。

1　平面図形

■問題5　**直角二等辺三角形**

　直角二等辺三角形を、図のように3本の直線㋐、㋑、㋒のうえに頂点があるようにおきました。角Bは直角です。また、㋐と㋑の幅は5cm、㋑と㋒の幅は3cmです。
　㋑と辺ACが交わる点をDとすると、BDの長さは□cmです。□にあてはまる数を書き入れなさい。

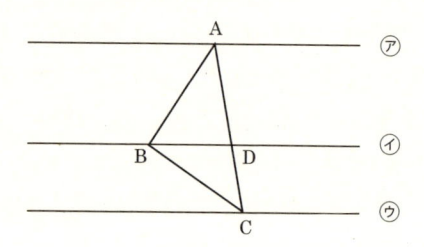

(武蔵中)

【解説5】

平行という条件

平行という平面図形の条件から出てくる結論は、

①錯角　②等積変形　③相似

の3つがあります。

　逆にいうと、3つも結論がある平面図形の条件は、平行ぐらいし

かありません。また、錯角は同位角とともに相似とは相性がよく、密接な関係にあるので、平行という条件から、両方を見ていく必要があります。

―― 問題5の解説 ――

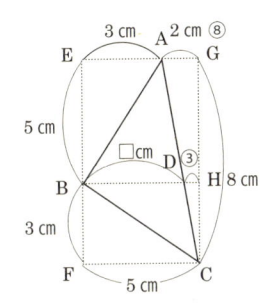

まず、直角二等辺三角形をかこむように長方形 EFCG を作ります。この長方形は、問題2(1)の長方形と同じです。一種の補助線なので、やや難しいかもしれませんが、逆にいえば、問題2(1)や解説2の図形がイメージできれば、基本レベルになるはずです。すると三角形 ABE と三角形 BFC は合同なので、辺 AE＝辺 BF＝3cm、辺 BE＝辺 CF＝5cm、辺 AG＝5－3＝2cmになります。

あとは、辺 EG と辺 BH は平行、三角形 ACG と三角形 DCH が相似で、その相似比は辺 CG：辺 CH＝5＋3cm：3cm＝⑧：③＝2cm：□cm、□＝0.75cm、と出せます。だから、辺 BD＝5－0.75＝4.25cmです。

■問題6 （正）六角形

（ア）1辺の長さが1cmの正六角形ABCDEFがあります。この正六角形の平行な2辺ABとEDを同じ長さだけのばして、新しい六角形を作ったところ、面積が2倍になりました。この新しい六角形において、辺ABの長さを求めなさい。

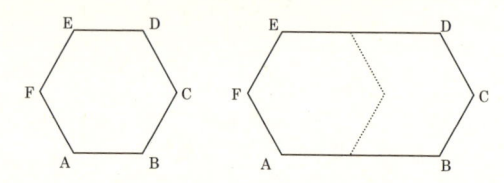

（イ）次に六角形ABCDEFの平行な2辺BCとFEを同じ長さだけのばして、面積が2倍になるように新しい六角形を作りました。新しい六角形において、辺BCの長さを求めなさい。答えは分数で書きなさい。

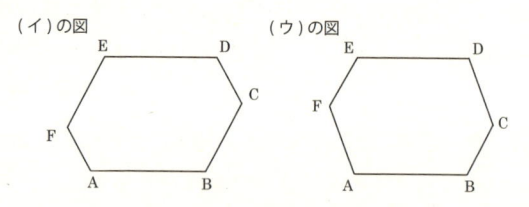

（イ）の図　　　　　（ウ）の図

（ウ）さらに、（イ）で作った六角形ABCDEFの平行な2辺AFとCDを同じ長さだけのばして、面積が2倍になるように新しい六角形を作りました。新しい六角形において、辺AFの長さを求めなさい。答えは分数で書きなさい。

(麻布中改題)

【解説6】

正六角形の性質

正六角形の基本は、正三角形×6と二等辺三角形×6です。

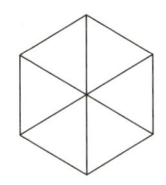

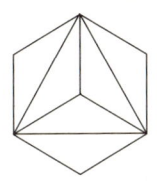

これをさらに3等分ずつして18個の二等辺三角形に分け、外側の正六角形を取り除くと麻布中学の校章になります。

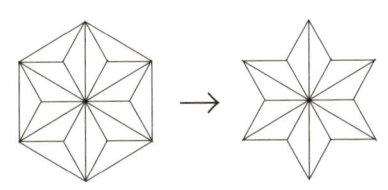

また、もう1つの正六角形を18等分したもののなかにある2つの正三角形を重ねた星型は、六芒星とも、ヘキサグラム（Hexagram）ともいわれています。

イスラエルの国旗にはダビデの星という青色の六芒星が中央に描かれています。

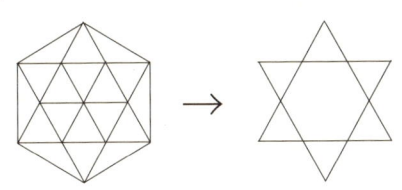

1　平面図形

　ちなみに、星形の外側にある角の和は、角の数を□個とすると、

> 星形の外の角の和＝180度×（□－4）

で、もとめられます。これは、外側の三角形の内角の和から、内側の多角形（六芒星なら、正六角形）の外角の和、2個分を引くからで、前ページ右下の星型は、$180 \times 6 - 360 \times 2 = 180 \times 6 - 180 \times 4 = 180 \times (6-4) = 360°$ ということになります。

―――――― 問題6の解説 ――――――

（ア）もとの正六角形を6等分した正三角形の面積比を①とすると、

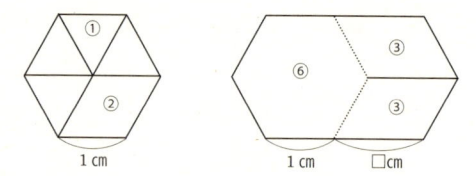

　正三角形2個分の平行四辺形の面積比は、①×2＝②、正六角形は、①×6＝⑥、増加分の半分の平行四辺形の面積は、⑥×（2－1）÷2＝③です。この2つの平行四辺形の高さは同じなので、面積比はそのまま底辺比になります。そこで、②：③＝1cm：□cm、□＝1.5cmなので、辺AB＝1＋1.5＝2.5cmです。

第1章　図形編

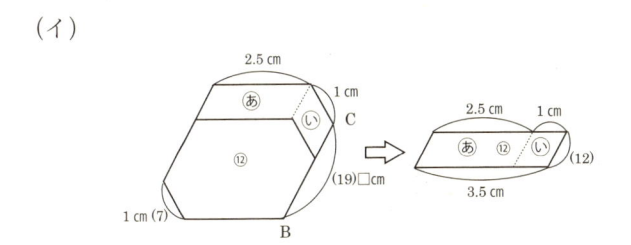

(イ)

増加分の面積比は、⑥×2×(2-1)＝⑫です。この部分を⑧と⑥に分け、1つの平行四辺形に等積変形すると、底辺は2.5＋1＝3.5cmになります。この平行四辺形と（ア）の底辺1cm、面積比②と比べると、面積比②:⑫＝1:6、底辺比1cm:3.5cm＝2:7、高さ比1÷2:6÷7＝7:12、（イ）のBCの比は、7＋12＝19、となり、7:19＝1cm:□cm、□＝$2\frac{5}{7}$cmと出せます。

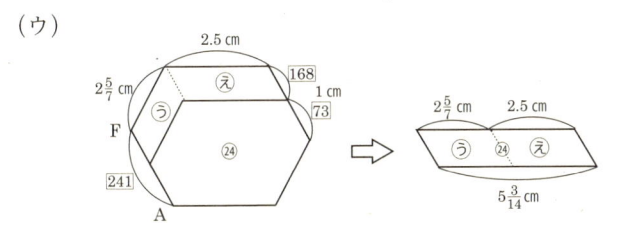

(ウ)

あとは、数字が大きくなること以外、発想は(イ)と同じです。増加分の面積比は、⑫×2×(2-1)＝㉔です。この部分を⑨と⑥に分け、1つの平行四辺形に等積変形すると、底辺は$2\frac{5}{7}$＋2.5＝$5\frac{3}{14}$cmになります。この平行四辺形と（ア）の底辺1cm、面積比②と比べると、面積比②:㉔＝1:12、底辺比1cm:$5\frac{3}{14}$cm＝14:73、高さ比1÷14:12÷73＝73:168、（ウ）のAFの比は、

31

1 平面図形

$\boxed{73}+\boxed{168}=\boxed{241}$、となり、$\boxed{73}:\boxed{241}=1\text{cm}:\square\text{cm}$、$\square=3\dfrac{22}{73}\text{cm}$と出せます。

■問題7　正十二角形

一辺の長さが12cmの正十二角形があります。次の問いに答えなさい。

(1) 図1の■の部分は、となり合う3つの頂点を結んで作った三角形です。この三角形の面積を求めなさい。

(2) 長さ12cmの線PQを正十二角形の辺に重なるようにおきます。図2のように、線PQをまず、点Qを中心に点Pが正十二角形の頂点に重なるまで、正十二角形の内側で回転します。続いてPを中心にQが正十二角形の頂点に重なるまで、同じように回転します。Q、Pを中心とするこのような回転を交互に、線PQがもとの位置にくるまで繰り返し行ったとき、

　(ア) Pがえがく線の長さを求めなさい。

　(イ) Qを中心とした6回の回転だけを考えるとき、線PQが通過してできる図形の面積を求めなさい。

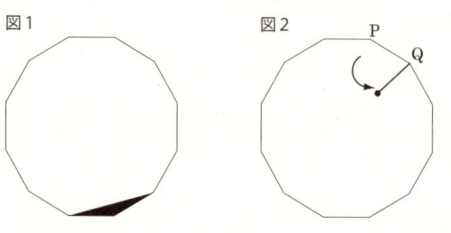

図1　　　　　　　　　図2

（筑波大学附属駒場中）

【解説7】

正十二角形の性質

正十二角形の面積の公式はありません。ただ、正十二角形を12等分すると、30度、75度、75度の二等辺三角形になり、等しい長さの辺を底辺とすると高さはその半分になります。

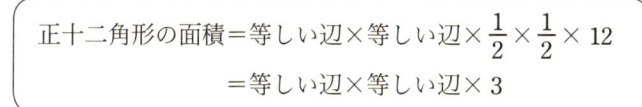

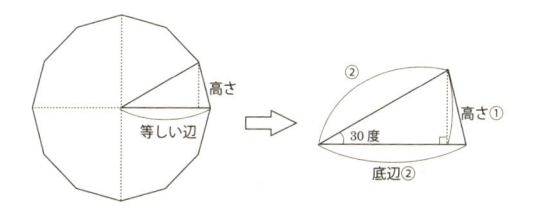

$$正十二角形の面積 = 等しい辺 \times 等しい辺 \times \frac{1}{2} \times \frac{1}{2} \times 12$$
$$= 等しい辺 \times 等しい辺 \times 3$$

ちなみに正多角形の1つの内角には、2つの公式があります。

$$正\square角形の1つの公式 = 180 \times (\square - 2) \div \square$$
$$= 180 - 360 \div \square$$

上の式は内角の和を利用した式で、下は外角の和を利用した式です。逆算のことを考えると、□が1つだけの下の公式を優先的に使う方がいいでしょう。

1 平面図形

―――――― 問題 7 の解説 ――――――

(1) は、基本の問題で、底辺が 12cm、高さが 6cm の三角形なので、$12 \times 6 \times \frac{1}{2} = 36$ cm²、と出すのは問題ないでしょう。しかも、念が入ったことに、(2)(ア) で、Ｐのえがく長さまで出させています。ここまで入念にワナが仕掛けてあると、(2)(イ) を正解にもっていくには、注意が必要です。

(2)(ア) では、弧の長さを求めればいいので、ＰＱがえがく弧の重なり部分は考えなくてもすみます。半径 12cm、中心角 150 度、の扇形の弧を 6 個分出せばいいので、$12 \times 2 \times 3.14 \times \frac{5}{12} \times 6 = 188.4$ cm と 12 で約分できるので、簡単な計算になります。

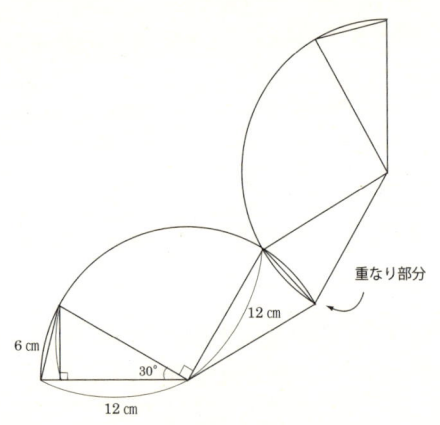

(イ) は (ア) とは違い、微妙に扇形が重なってしまう部分が、問題となります。そこに気が付かないと、(ア) と同じように、半径 12cm、中心角 150 度、の扇形の面積 6 個とカン違いして、$12 \times 12 \times 3.14 \times \frac{5}{12} \times 6 = 1103.4$ cm² と出してしまいがちです。

正しくは、半径12cm、中心角90度の扇形6個と、底辺12cm、高さ6cmの三角形12個の面積を求めれば正解です。$12 \times 12 \times 3.14 \times \frac{1}{4} \times 6 + 12 \times 6 \times \frac{1}{2} \times 12 = 1110.24$cm²でした。

■問題8　長方形と正方形

下の図の長方形ABCDはたてが8cm、よこが10cmで、3つの長方形AEKH、IFCG、IJKLはどれもABCDを縮小した形です。また、HLGDは正方形で、IJ = 2cmです。

次の問いに答えなさい。（式や考え方も書きなさい）

(1) HLの長さを求めなさい。
(2) 四角形AJCLの面積を求めなさい。

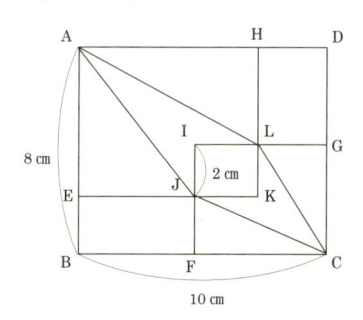

（武蔵中）

【解説8】

平行線と相似形

平行線という条件で相似がポイントであることは、問題5でも書

1 平面図形

きました。中学受験の平面図形では、相似形が一番重要な性質の1つでしょう。相似がポイントであることを見抜く力は大切です。ただし、ここでは改めて三角形が相似になる条件を確認しておきたいと思います。

> ① 3つの辺の比が等しい
> ② 2つの辺の比とその間の角度が等しい
> ③ 2つの角度が等しい

算数は、考える科目であって、知識はそれほど重要だとは思いません。

ただ、多少あやふやでも、知識の裏付けがあると、アイディアが浮かぶことはあると思うので、知識はないよりあるほうがいいとは思います。特に平面図形は、視覚的な直観力は大切ですが、その基本には、言葉で整理された知識もあれば役に立ちます。

――――――問題8の解説――――――

相似というと、三角形の相似が主流ですが、この問題では、長方形4つの相似という、少し変わった条件が出されています。また、正方形が1つあるのも、アクセントになっています。

(1)は、さまざまな解き方が考えられるでしょうが、なるべくシンプルな式でいきたいところです。

そこで、ここでは、線分図で整理することにします。長方形AEKHは、長方形ABCDと相似の関係となっているので、AE：AH＝8cm：10cm＝4：5、です。また、四角形HLGDは正方形なので、

HD：HL＝①：①、です。ここで、AH＋HD＝10cm、HK－HL＝2cm、という関係を線分図にすると、次のようになります。

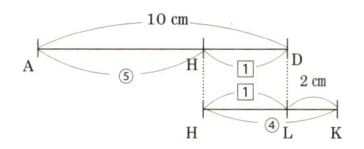

辺AD＋辺LKの比は、⑤＋④＝⑨で、10＋2＝12cmです。ということは、辺HKは、⑨：④＝12cm：□cm、□＝$5\frac{1}{3}$cm、となり、辺HLは、$5\frac{1}{3}-2=3\frac{1}{3}$cmと求められます。

さて、この問題のポイントは、(2)です。

この問題では、長方形4つが相似なので、長方形ABCDの対角線ACが、長方形IJKLの対角線IKを通過します。そこで、四角形AJCLを、2つの三角形、つまり三角形AJCと三角形ACLに分けて、それぞれを等積変形してみると、次のような三角形に変わります。

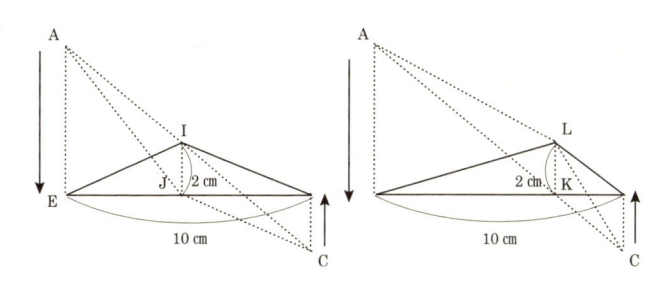

こうして2つの三角形は、どちらも底辺が10cm、高さが2cmの三角形になるので、四角形AJCLは、$10 \times 2 \times \frac{1}{2} \times 2 = 20$cm²と求められます。

1　平面図形

■問題9　**円の分割**

> 下の図のように円周上に6個の点をとり、それらすべてを直線で結ぶ。円の内部においてどの3直線も1点で交わらないとき、円の内部は31個の部分で分けられている。同じように円周上に7個の点をとり、それらをすべて直線で結ぶ。円の内部においてどの3直線も1点で交わらないとき、円の内部は□個の部分に分けられる。
>
> (灘中)

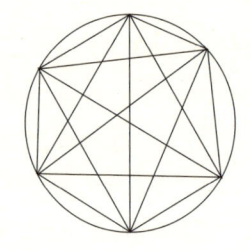

【解説9】

円の分割の基本

問題9の解説をする前に、これよりもう少し単純な問題を確認しておこうと思います。外の点同士を直線で結ばないタイプで、直線によって分かれる面が、問題9よりはるかに少なくなる問題です。

第1章　図形編

円の中に直線を1本引くと円は2つに分割されます。2本だと最大4つに分割されます。では、直線が8本だと、最大でいくつに分割されますか。

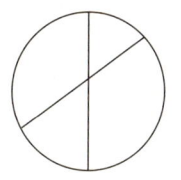

この問題は、具体的に図を描きながら、表で整理するといいでしょう。

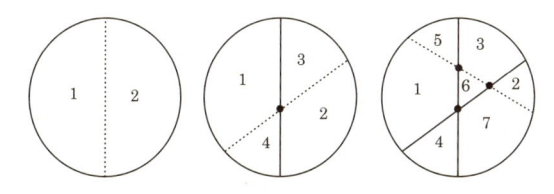

このとき、面だけでなく交点も同時に調べてみます。そうすると、交点は、一つ前の直線の数だけ増えることがわかります。これに対して、面は植木算の考え方を利用すれば、増えた交点 +1 だけ増えます。これを表にすると、

線	点	面	式
1	0	2	2
2	1	4	2＋2
3	3	7	2＋2＋3
4	6	11	2＋2＋3＋4
⋮			
8	21	□	2＋2＋3＋4＋………＋8

1　平面図形

あとは、等差数列の和で求めればいいでしょう。

2+(2+8)×7÷2＝37個

―――――― 問題9の解説 ――――――

さて、では、問題9はどうやって出せばいいのでしょうか。

この問題、点が6個までは、問題文のなかに図が描かれているので、あと1個たして7個にして、数えたくなるところでしょうが、ここは式で求める方法を考えてみましょう。

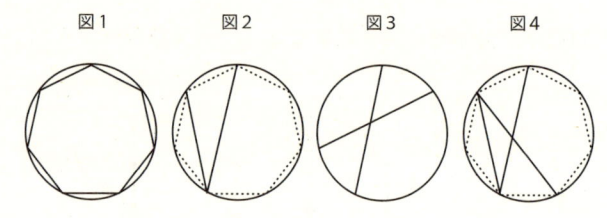

図1　　　図2　　　図3　　　図4

内部にできる部分は、まず、図1のようにとった点によってできる多角形の外側があります。これは単純で、7個点をとれば、七角形ができますから、外側の内部にできる部分は、7個です。

つぎに、多角形の対角線を考えてみます。

対角線を1本引けば、内部に部分は1個増えます。ただ、図2のように、植木算の考え方によって、内部にできる部分は対角線の数＋1、となります。ちなみに対角線の本数は、

$$□角形の対角線の数＝(□-3)×□×\frac{1}{2}$$

で、求められます。

最後に、交点が1つ増えると、図3のように内部にできる部分はさらに1つ増えます。

たとえば、図2と図4を比べると、図2は内部が3個で、図4は5個ですが、対角線の1個分と交点の1個分の合計2個分が増えているわけです。

1つの交点をつくるのには、円周上の点が4個必要です。円周上の点が7個ならば、7個の中から4個の点を選ぶ組み合わせの公式で求めればいいということです。

そこで、円周上の点を□個とすると、

内部＝□＋(□－3)×□×$\frac{1}{2}$＋1＋□個から4個選ぶ組み合わせ
　　(外)　(対角線)　　　(植木算)　(交点)

で、もとめられるので、円周上の点が7個の、この問題では、
$7+(7-3)×7×\frac{1}{2}+1+\frac{7×6×5×4}{4×3×2×1}=7+14+1+35=57$ 個
になります。

正直にいえば、この問題の解答を簡単に出せたとはいえないかもしれません。式で求めようとすると、かなり複雑になることは確かです。

2 立体図形

　立体図形の特徴も、平面図形と同じように、問題文の条件に、図があることでしょう。その図は、見取り図・展開図・投影図のどれかです。

　立体図形と平面図形の違いは、平面図形が問題文の図形に数値や補助線などを書き込むことで式を生み出すのに対して、問題文に描かれた図だけでは、式が立たない場合が多いということです。たとえば、問題文に見取り図が描かれていて、式が立たなければ、投影図を描くことが多いですし、問題文に展開図があれば、いったん見取り図を描くこともあります。

　立体図形を初めて説明するときに、次のような質問をします。

　宇宙に「はて」はあるでしょうか？　ないでしょうか。
　また、無限に広いでしょうか？　それとも、宇宙の大きさは決まっていますか？

　選択肢が2つずつあるのだから、一応、2×2＝4通りの答えが考えられますが、ふつう帰ってくる答えは次の2つでした。

① 宇宙に「はて」はない。だから、無限に広い。
② 宇宙に「はて」はある。だから、大きさは決まっている。

常識で考えれば、答えはこのどちらかのはずです。ところが、実際は違うのです。正しい答えは、

宇宙に「はて」はない。だが、大きさは決まっている。

こう伝えると、たいていの場合、相手はキツネにつままれたような、不思議そうな顔をします。そんなときには、地球の表面の話をします。

もし、地球の「はて」を探しに真っ直ぐ歩いたとします。けれど、どこまで行っても「はて」は見つからず、もとの場所に戻ってきます。そして、地球の表面は確かに広いが、無限ではありません。大きさは決まっています。宇宙も、これと同じです。宇宙にも「はて」はありません。しかし、大きさは決まっています。

ここで重要なのは、地球の表面のことはわかっても、宇宙のことは相変わらずわからないということです。つまり、平面図形である2次元のことはわかるけれど、宇宙の3次元のことはよくわからない、ということです。つまり、ここでの結論は、立体図形を理解し正解を手にするためには、平面図形におきかえることが大切なのです。

では、次のような問題はどうでしょうか。

> 上から見ると、「回」という字に見えて、前から見ると、「凹」という字に見える立体の見取図を描きなさい。

2　立体図形

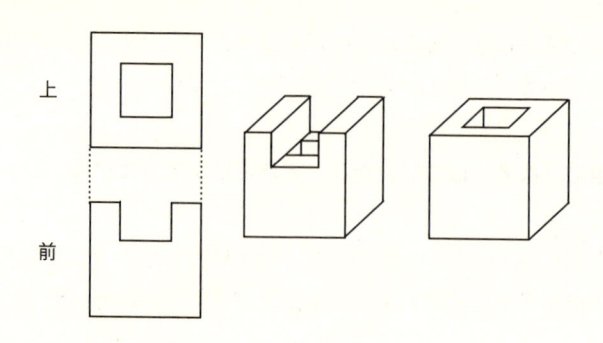

　つい、左の投影図から、立方体を連想して、それに穴をあけたような、真ん中の見取り図を思い浮かべるかもしれません。

　しかしこれでは、上から見るとたてに筋がはいってしまうので、「回」という字のようには見えません。かといって、右のような図を描いても、前から見て「凹」という字に見えないことはすぐにわかるでしょう。

　この見取り図を描くときのポイントは、曲線です。

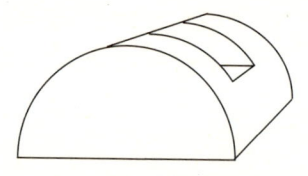

　ちょうど、かまぼこの上の真ん中の部分をくり抜いたような見取り図をイメージすればいいでしょう。

　どちらにしても、立体図形は投影図を中心に、見取り図、展開図をうまく使い分けることが重要です。

第1章　図形編

■問題10　最短距離と展開図

図のように直方体の小包にひもを一周させてかけるとき、結び目の長さを考えないものとすると、ひもの長さは最も短くて□cmである。

ただし、直角をはさむ2辺の長さが3cm、4cmの三角形の残りの辺の長さは5cmである。

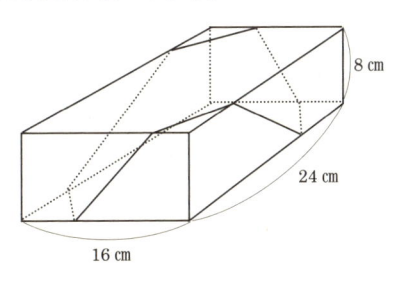

(灘中)

【解説10】

最短距離と展開図

基本の問題をやっている段階では、展開図は表面積を出すときに利用します。ただ、すぐに単純な図形はなくなっていきますし、もしも単純な図形ならば、展開図をわざわざ描かなくても解けるはずです。

かわって登場するのが、投影図です。3方向（上・前・横）のうち、必要な方向だけを描き、平面図形にしていきます。これは、立方体を積み上げた問題のときにも、活躍してくれます。

それでは展開図は、どのようなときに必要となってくるのでしょうか。実際に答えで解答用紙の展開図に何かを描きこませるとき以外に、**展開図が必要となるのは、最短距離の問題**です。

最短距離というのは、次の3種類があります。

> ①点と点…直線　②点と直線…垂線　③直線と直線…垂線

このうち、立体図形の場合、①がほとんどです。

参考までにいうと、円すいの性質も、展開図とかかわりがあるといえるでしょう。円すいには、次のような公式があります。

> 円すいの体積　＝半径×半径×円周率×高さ×$\frac{1}{3}$
> 円すいの表面積＝(半径＋母線)×半径×円周率
> 円すいの側面積＝母線×半径×円周率

円すいの表面積の公式ですが、ふつう、底面積が円で、側面積が扇形の平面図形の公式を使って説明されます。そこには2つの問題があります。1つは式が長くなること、もう1つは中心角が必要となることです。これに対して、上の公式は、側面積の公式をもとにして、はじめから分配法則をしてあります。こうすれば、2つの問題点も、出てこないことになります。

また、円すいの基本性質は、次の比例式で求められます。

> 半径：母線＝中心角：360度

第 1 章　図形編

　比を使いこなすことが、算数を得意にするためには絶対に必要だという点からしても、比例式はなるべく繰り返し使うことが大切です。

―――――――――― 問題 10 の解説 ――――――――――

　展開図を描くといっても、直方体の展開図すべてを描くのではなく、必要な面だけを描きます。逆にいえば、必要な面はさらにかき加えます。

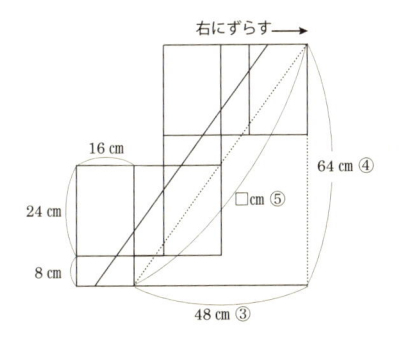

　ひもを横に移動させれば、直角三角形ができます。底辺は、(8 + 16) × 2 = 48cm、高さは、(8 + 24) × 2 = 64cm です。48cm：64cm = 3：4 なので、あとは③：④：⑤ = 48cm：64cm：□cm を利用すれば、ひもの長さは 80cm と求められます。

2 立体図形

■問題 11　水そうとグラフ

> たて 40cm、横 1 m、高さ 50cm の水槽が水平に置かれていて、水槽の側面には穴が一つあいています。水面が穴より上にあればこの穴から水が流れ出ます。空の状態からこの水槽に毎分 30L の量の水を注ぎました。穴から水が流れ出ても注ぎ続け、満水になったところで注水を止めました。注水を止めてから水が流れ出なくなるまでに 21 分かかりました。また、流れ出た水の総量は 180L でした。穴から水が流れ出る水量はいつも一定と考えて、次の問いに答えなさい。
> (1) 穴から水が流れ始めてから満水になるまでは何分かかりましたか。
> (2) 穴は底から何cmのところにありますか。（穴の大きさは考えに入れません）
>
> （武蔵中）

【解説 11】

面積図とグラフ

> 底面積（比）×高さ＝体積（比）
> 　（横）　　　（たて）（面積）

水についての問題は面積図を描くといいです。つまり立体図形を平面化して考えます。もしも、底面積ではなく横の長さにすると、

面積図は投影図の前から見た図になります。図の形自体は、変わりません。

このなかで、水そうとグラフの問題は、立体図形と速さの公式の2つの分野が合わさった複合問題です。ですから、2つの公式をうまく使い分けることが大切になります。式を分けずに1つにまとめることも重要です。

図1のような、直方体から2つの直方体を取りのぞいた形の容器があります。これに一定の割合で水を入れると、水を入れる時間と水の深さとの関係は図2のようになりました。
次の問いに答えなさい。(式・考え方も書くこと)

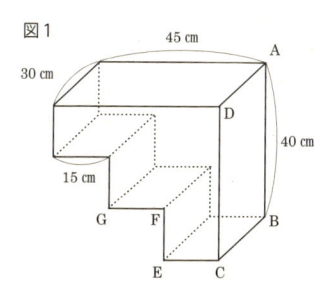

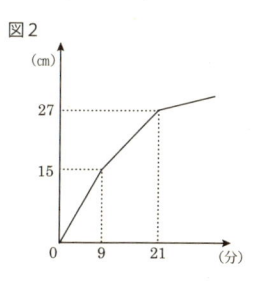

図1
45 cm
30 cm
A
D
40 cm
15 cm
G F B
E C

図2
(cm)
27
15
0 9 21 (分)

(1) 水は毎分何cm³入りますか。

(2) FGの長さは何cmですか。

(3) 水を入れ始めてから30分後に水をとめて、容器にふたをしました。この容器を平面ABCDが底面となるように置いたとき、水の深さは何cmになりますか。

(西武学園文理中)

2 立体図形

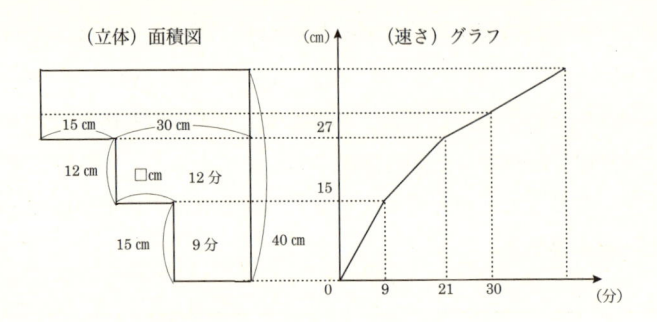

```
(立体) 面積図              (cm)    (速さ) グラフ
┌─────────────────┐        
│ 15 cm    30 cm   │        27
├──────┬──────────┤        
│ 12 cm│ □cm  12分│        15
│      ├──────────┤        
│      │          │        
│      │ 15 cm 9分│ 40 cm  
│      │          │        
└──────┴──────────┘        0    9   21   30     (分)
```

　水そうとグラフの問題は、立体図形の要素と速さの要素がある、複合問題です。条件としては見取り図とグラフがある場合が多いです。この両方の条件がうまく整理できないことが、一番の問題です。解決策は見取り図を面積図にして、その横にグラフを描きます。両者がつながっているのは高さです。さらにわかっている条件を書き込んでいきましょう。

　(1) のポイントは、立体の公式と速さの公式を1つの式でまとめることです。ここでは体積も時間もわかっている2段目で出します。すると $(45 - 15) \times 30 \times (27 - 15) \div (21 - 9) = 900$ ㎤と出ます。これが毎分の水の量です。

　(2) は比を利用して解くといいでしょう。高さが一定のとき、底面積比と体積比は同じで、水量が一定のとき、時間比と体積比は、同じになります。そこで、底面積比は、時間比と同じ、ということになります。

　でも、1段目の高さは15cmで、2段目の高さは12cmだから、高さは同じではない、と思うかもしれません。たしかに、底面を下とみるかぎり、高さは一定ではありません。ただし底面とは、下の面とはかぎりません。三角形の底辺が下の辺とはかぎらないのと同じで

す。この場合、面積図の手前に見えている長方形を底面とみれば、高さは奥行きの30cmとなり、一定になります。2段目の底面積を求めると、(45 − 15) × 12 = 360㎠、です。そこで、時間比を出すと、1段目の時間:2段目の時間 = 9分:21 − 9分 = 3:4、底面積比は時間比と同じになるので、1段目の底面積:2段目の底面積 = 3:4 = □㎠:360㎠、□ = 270㎠、になります。つまり、ECは、360 ÷ 15 = 18cmで、FGは、30 − 18 = 12cmです。

(3) では、1段目の9分と、3段目の30 − 21 = 9分が同じ事を利用します。時間が同じならば、体積も、底面積も同じになるのは(2)と同じです。逆比でも、たては出せますが、公式の逆算で求めることにします。□ = 15 × 18 ÷ 45 = 6cmです。ここで、

容器＝水＋空気

というポイントがあります。この場合、最初の状態は水に比べて空気の底面積は単純な長方形なので、空気の部分を利用します。

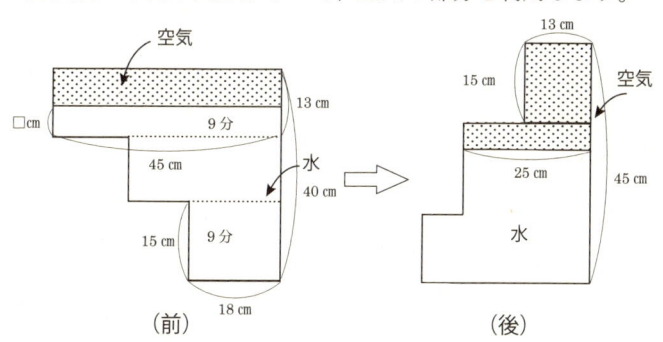

この長方形の面積は、(40 − 27 − 6) × 45 = 315㎠です。

後の状態の上の段の空気は、13 × 15 = 195㎠、その下の段は残

りの、315 − 195 = 120cm²となり、たては、120 ÷ (40 − 15) = 4.8 cmです。水の深さは、45 − 15 − 4.8 = 25.2cmです。

──────── **問題 11 の解説** ────────

問題文にはありませんが、ここでも、面積図とグラフを並べて描いてみるといいでしょう。

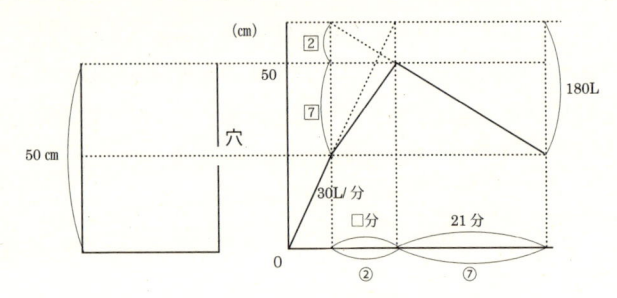

ただし、2 つの図を描いても、何の式も生まれません。ここで重要なのは、描いたグラフに何を描き加えるか、そしてまだ整理していない条件は何か、ということです。ここで描き加えるのは、2 つの補助線です。

ここでやっと、まだ整理できなかった流れ出た水の総量は 180L という条件をグラフに書き加えることができます。同時に、180 ÷ 30 = 6 分、と 1 つの式で、(1) は求められます。

次に (2) ですが、時間比の、6 分：21 分 = ②：⑦、が、そのまま体積比となるので、②+⑦：⑦ = ⑨：⑦ = 180L：□L、□ = 140L です。そこで穴は上から、140 × 1000 ÷ (40 × 100) = 35cm なので、穴の高さは底からは、50 − 35 = 15cmのところにあります。

第1章　図形編

■問題12　**正多面体の性質**

図1　　図2　　図3　　図4　　図5

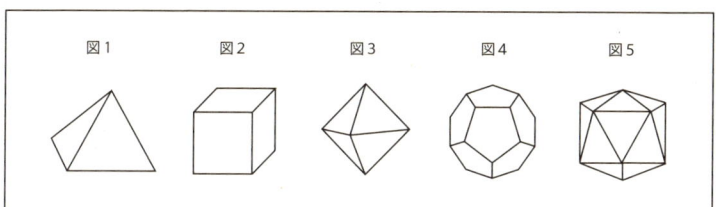

　図1は表面が同じ大きさの正三角形4個からなる立体で正四面体といいます。
　図2は表面が同じ大きさの正方形6個からなる立体で立方体といいます。
　図3は表面が同じ大きさの正三角形8個からなる立体で正八面体といいます。
　図4は表面が同じ大きさの正五角形12個からなる立体で正十二面体といいます。
　図5は表面が同じ大きさの正三角形20個からなる立体で正二十面体といいます。

　これらの立体の辺をカッターで切り、開いて平面にすることを考えます。
　そのとき、辺以外は切らないものとし、切り開いてできたものは2枚以上に分かれていないようにします。いくつの辺を切ればよいかを考えます。
（例）図1の場合、3つの辺を切ると図6または図7のようになります。

図8のように4つの辺を切ると2枚に分かれるので条件にあいません。

よって切る辺の数は3です。

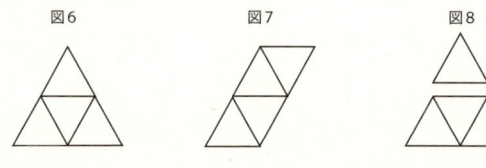

図6　　　　　図7　　　　　図8

図2、図3、図4、図5の場合はそれぞれいくつの辺を切ればよいですか。

辺の数を答えなさい。（考え方も書くこと）

(桜蔭中)

【解説12】

正多面体の基本性質

立方体、別の言い方では、正六面体の展開図は、全部で11種類あります。1－4－1型が、4＋2＝6種類、2－3－1型が、3種類、3－3型が、1種類、2－2－2型が、1種類、6＋3＋1＋1＝11種類です。

では、ほかの正多面体の展開図は、いくつあるのでしょうか。

まず正四面体は、単純なので簡単です。正三角形3個のつなぎ方は1通りしかなく、そこにさらに1つ、正三角形をつける場所は、裏返すと同じになるものをのぞけば3通りです。このうち、正四面体になる展開図は、2種類だけです。なお、残りの1つを2個作って、つなぎ合わせると、正八面体になります。

第1章　図形編

　その、正八面体の展開図は、いくつあるのでしょうか。これも、正六面体と同じように、分類してみると、1-6-1型が3+3=6種類、2-5-1型が2種類、3-4-1型が2種類、4-4型が1種類、合計、6+2+2+1=11種類です。

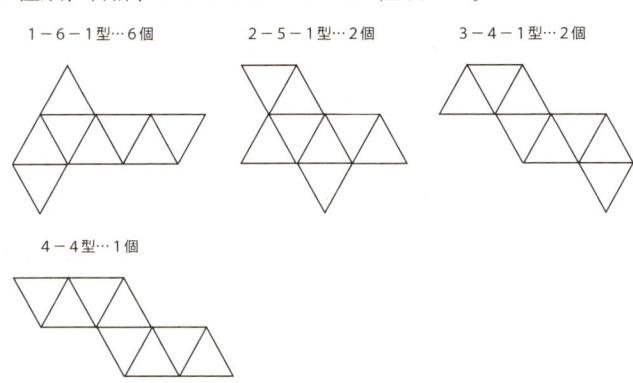

1-6-1型…6個　　　2-5-1型…2個　　　3-4-1型…2個

4-4型…1個

　また、正十二面体と、正二十面体の展開図は、43380種類です。もちろんここでは多すぎて描き切れません。

　正多面体で、求める数は、辺・頂点・面ですが、面は名前の通りです。辺と頂点はそれぞれの面の形と重なりを考えて求めます。正四面体、正八面体、正二十面体の面は正三角形で、正六面体は正方形、正十二面体は、正五角形です。

辺の数　　＝1面の辺の数×面の数÷2
頂点の数＝1面の頂点の数×面の数÷1つの頂点に集まる面の数
---

2 立体図形

―――― 問題 12 の解説 ――――

　正六面体、つまり立方体くらいまでなら、頭の中で想像して、切ることもできるかもしれません。ただ、それでは正十二面体や、正二十面体などは、大変なのではないでしょうか。

　図1の正四面体は、具体的な説明と図があり、答えもあります。それを参考にしながら、正六面体を式によってもとめられるかが、この問題を攻略するカギです。次にかいた立方体の分類の違いがわかるでしょうか。

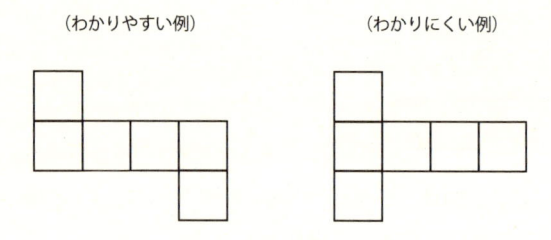

（わかりやすい例）　　　　（わかりにくい例）

　わかりやすいほうは、全部で4個、具体的には、1－4－1型、2－3－1型、3－3型、2－2－2型にそれぞれ1つずつあります。残りの7個は、わかりにくい展開図ということになります。その違いは、植木算が使いやすいかどうか、という点です。左の方は、一筆書きのように、展開図が1本につながっているので、植木算としてつかみやすいと思います。つまり、正方形の面を木と考え、くっついている辺を間と見ます。この問題では、切る辺の方を考えるのではなく、切らない方、つまりくっついているほうの辺を考えるというのが、式で求めるときの基本になります。

> くっついている辺の数＝全部の面の数－1
> 切る辺の数　　　　＝全部の辺の数－くっついている辺の数

　正六面体の場合、面は6個ですから、くっついている辺＝6－1＝5本、全部の辺＝4×6÷2＝12本です。そこで、切る辺＝12－5＝7本と式で求められます。

　次に、正八面体は、くっついている辺＝8－1＝7本で、全部の辺＝3×8÷2＝12本となります。そこで、切る辺＝12－7＝5本と出せます。

　続いて、正十二面体は、くっついている辺＝12－1＝11本で、全部の辺＝5×12÷2＝30本、そこで、切る辺＝30－11＝19本と出せます。

　最後に正二十面体は、くっついている辺＝20－1＝19本、全部の辺＝3×20÷2＝30本、そこで、切る辺＝30－19＝11本と出せます。

2　立体図形

■問題 13　**積み木を積む**

　1辺の長さが1cmの小さい立方体125個を使って図のような大きい立方体をつくり、その表面に色をぬりました。

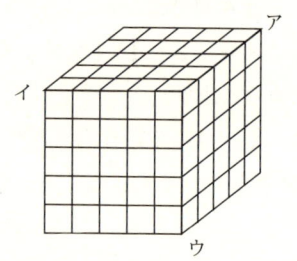

このとき、次の問いに答えなさい。

(1) 小さい立方体のうち、3つの面に色がぬられているものはいくつありますか。

(2) 小さい立方体のうち色が全くぬられていないものと1つの面だけに色がぬられているものを大きい立方体からとりのぞきました。この新しくできた立体を、図の3点ア、イ、ウをとおる平面で切りました。2つにわかれた、大きい立体と小さい立体の体積の比を求めなさい。ただし、小さい立方体をいくつかとりのぞいたとき、ほかの小さい立方体は、くずれないものとします。

(3) (2) でとりのぞいた立方体を使って、できるだけ大きい立方体をつくりたいと思います。この大きい立方体の表面には、できるだけ色のぬられている面を出すようにします。この大きい立方体の表面で、色がぬられている部分と、色がぬられていない部分の面積の比を求めなさい。　(桜蔭中)

【解説 13】

積み木問題の基本

　立方体を積み重ねた図形は、他の立体図形とは、ちがった考え方をします。ふつう平面図形をふくめ、図形の公式を使った問題では、なるべく少ない図形としてみます。ところが、積み重ねの問題では、正方形や立方体としてバラバラに見るのです。

> 積み重ねの体積　＝１個の体積×各段の個数の和
> 積み重ねの表面積＝１面の面積×６方向の面の和

で求めます。なお、立方体の１辺が1cmでない場合には、少し注意が必要です。

―――――― 問題13の解説 ――――――

（1）　上・下の段

3	2	2	2	3
2	1	1	1	2
2	1	1	1	2
2	1	1	1	2
3	2	2	2	3

−1面 ⇒

中の段

2	1	1	1	2
1	0	0	0	1
1	0	0	0	1
1	0	0	0	1
2	1	1	1	2

　色がぬられている面は、上と下の段では、角にある面が３面、辺の上の面が２面、面のところの面が１面です。中の段では、それより１面ずつ減り、角は２面、辺が１面、面が０面です。

2 立体図形

3面がぬられているのは、上段と下段の角にある面だから、4×2＝8個です。

(2)は、上から1段目と5段目が同じで、残りの2・3・4段目が同じにみえます。ところが、調べてみると、すこし違うのです。

この立体には次に描く、A、B、Cの3種類の立体があります。

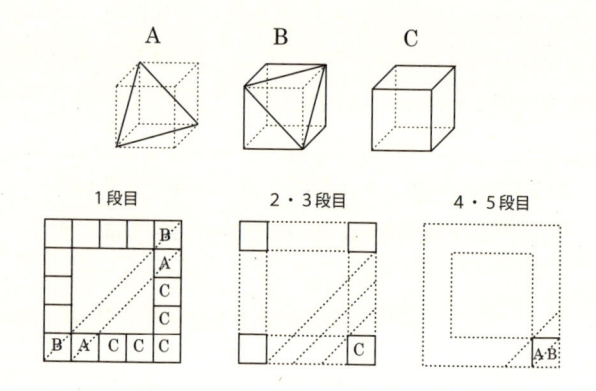

A　　B　　C

1段目　　2・3段目　　4・5段目

このとき、上から1段目には、A・B・Cすべてあります。2段目と3段目は同じでCだけです。4段目と5段目をセットにして各段の図を描くのが、ここでのポイントになります。

全体の小さい立方体は、16×2＋4×3＝44個、小さい立体の数が、A1個とB1個の1セットでC1個となります。これが上から1段目に2セット、4・5段目に1セット(図1)、Cそのものは、上から1段目に5個、2・3段目にそれぞれ1個あります。そこで、小さい立体の立方体の個数は、2＋1＋5＋2＝10個、大きい立体の立方体の個数は、44－10＝34個です。そこで、大きい立体と小さい立体の体積の比は、34個：10個＝17：5、となります。

第 1 章　図形編

（図1）

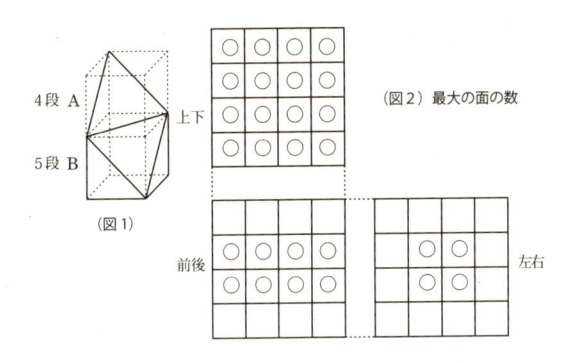

4段 A
5段 B
上下

（図2）最大の面の数

前後

左右

　これに対して、(3) で注意しなければいけないことは、ぬられた面は、本当に全部外側に向けることができるのかということです。1面がぬられた面は、$3 \times 3 \times 6 = 54$ 面、あります。実際に、調べてみると、とりのぞいた小さい立方体の数は、$5 \times 5 \times 5 - 44 = 81$ 個なので、できるだけ大きい立方体というのは、4段の立方体、$4 \times 4 \times 4 = 64$ 個です。このうちたとえば、上下の $4 \times 4 = 16$ 面にぬった面を出すと、前後は、$2 \times 4 = 8$ 面、左右は $2 \times 2 = 4$ 面、全部で、$(16 + 8 + 4) \times 2 = 56$ 面まで、ぬられた面を出すことができますから、54面すべてを表に出すことができることが、確かめられたわけです（図2）。そこで、ぬられていない面は、$4 \times 4 \times 6 - 54 = 42$ 面、となり、色がぬられている部分とぬられていない部分の比は、54面：42面 = 9：7 になります。

■問題14 **トンネル問題**

下の図のように、直方体に1辺2cmの正方形の穴があけてあります。穴はどれも四角柱でそれぞれの面の中央にあけられていて、向かい側まで突き抜けています。次の問いに答えなさい。

(1) この立体の体積は何cm³ですか。
(2) この立体の表面積は何cm³ですか。

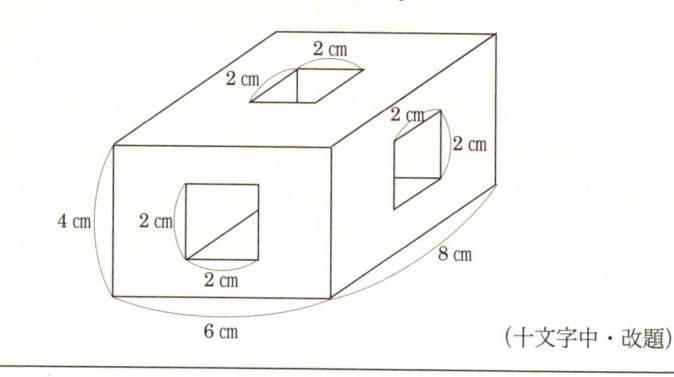

(十文字中・改題)

【解説14】

トンネル問題の基本

立体に穴をあける問題は、立体の公式を利用するのが基本です。ただ、各段の図を描いて確認してもいいでしょう。公式を利用する場合は、穴をあけたことでできた変化に注目しましょう。体積の場合は、ただ減るだけですが、表面積の場合は、減る表面積と増える表面積ができます。もちろん、体積・表面積のどちらでも、穴が交差した部分には注意が必要です。

第 1 章　図形編

―――――――― 問題 14 の解説 ――――――――

　公式で体積を出すなら、もとの直方体が、トンネルの分だけ減るので、$6×8×4-2×2×(6+8-2+4-2)=136$ ㎤と求められます。

　これとくらべて表面積は多少、気をつけた方がいいかもしれません。というのも、トンネルの底面積は、体積と同じように減りますが、側面積は増えます。しかし、3つのトンネルが交差している1辺2cmの立方体のところは、空白になっていて、側面積は増えないのです。

　なので、元の四角柱の表面積は、$6×8×2+4×(6+8)×2=208$ ㎤（直方体としてみるなら、$(6×8+4×8+6×4)×2=208$ ㎤）、トンネルを開けたことで起きた変化は、増加分の側面積の方が、減少分の底面積より大きいので、変化＝減少－増加になります。$2×4×(6-2+8-2+4-2)-2×2×6=72$ ㎤、穴をあけたことで変化した表面積は、$208+72=280$ ㎤になります。

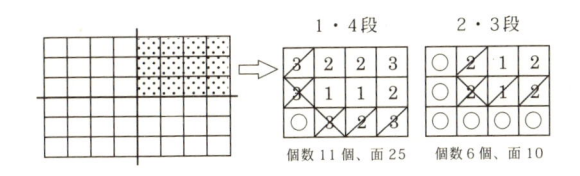

　もう1つの解き方は、問題13と同じように、1辺1cmの立方体の積み木問題として考えることです。

　1辺1cmの立方体に分け、各段の図を描くと、たて6個、横8個になりますが、左右も上下も対称なので、4分の1だけを調べればいいことがわかります。

2　立体図形

　あとは、体積を求めるために、立方体の個数を数え、4倍して1段分を出し、さらに1段目と4段目が同じで、2段目と3段目が同じなので、2倍して全体を出します。体積は、1cm³×（11＋6）×4×2＝136cm³です。

　各段の図には、穴のところに「○」を書き、残りは表に出ている面の数を書き込みます。基本の面の数は、問題13(1)と同じですが、トンネル問題では、横や下のトンネルに接している面は、表面積が増えます。1面増えるところは斜め線1本、2面増えるところは斜め線2本引き、表面積の数を基本の数より増やします。

　表面積は、各段の面の合計を出して体積と同じく4倍して1段分を出し、さらに各段を2倍して全体を出します。

　表面積は、1cm²×（25＋10）×4×2＝280cm²です。

　特に、体積に比べ表面積の方が間違えやすいので、いくつかの解き方で検討する必要があります。

第1章　図形編

■問題15　**立体図形と道順**

　立方体の頂点Aから出発して、各辺上を動く点があり、1秒ごとに、となりの頂点に移るものとします。同じ頂点を何回通ってもよいこととして、次の問いに答えなさい。

(1) 3秒後に頂点Bに到達するコースは、何通りありますか。
(2) 5秒後に頂点Gに到達するコースは、何通りありますか。

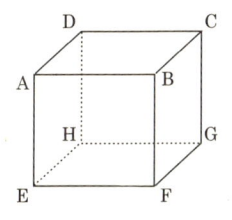

(ラ・サール中)

【解説15】

立体と道順の基本

　平面図形の道順もそうですが、一番の基本は角に暗算でたし算して数字を書き込みます。このことについては、あとで触れることにします。
　ただ、単純な道順の場合、組み合わせの公式を使って解く方がはるかに早く簡単に解けます。これは、平面図形でも立体図形でも同じです。

2 立体図形

> 1本10cmの針金を何本かつないで、図のような1辺20cmの立方体の骨組みを作りました。(点線もすべて針金とします)
> (1) 針金を通って、AからBまで最短で行く方法のうち、まん中の点Oを通らずに行く方法は何通りですか。
> (2) 針金を通ってAからBまで最短で行く方法は全部で何通りですか。
>
> (海城中・改題)

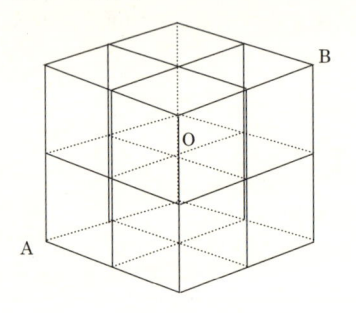

この問題は、(2)を先に解くことが大切です。AからBへ行くには、上に2回＋右に2回＋後に2回＝合計6回のうち、例えば上に2回、残りの合計4回のうち、例えば右に2回行く組み合わせとなるので、$\frac{6\times5}{2\times1} \times \frac{4\times3}{2\times1} = 90$ 通りになります。

それに対して、(1)は、

> ある場合＝全体－それ以外の場合

という、差の発想を使います。(1)では、問題文通りに点Oを通らないで点Aから点Bに行く方法を調べるのではなく、逆に点Oを通って点Aから点Bに行く方法を調べ、(2)で求めた全体の行き

第1章　図形編

方から引いたほうがはるかに楽で速いでしょう。

　AからOへ行くには、上に1回＋右に1回＋後に1回＝合計3回のうち、例えば上に1回進み、残りの合計2回のうち、例えば右に1回行く組み合わせとなり、OからBへ行くにも、上に1回＋右に1回＋後に1回＝合計3回のうち、例えば上に1回進み、残りの合計2回のうち、例えば右に1回行く組み合わせとなりますから、

$\frac{3}{1} \times \frac{2}{1} \times \frac{3}{1} \times \frac{2}{1} = 36$ 通り、となりますから、点Oを通らないで点Aから点Bに行く方法は、90－36＝54通りです。

　これに対して、遠回りしてもいい道順で、同じ点を通ってはいけない問題は、樹形図を描きます。

　立方体の5辺の上を通って、点Aから点Gに行く道筋は、全部で何通りありますか。

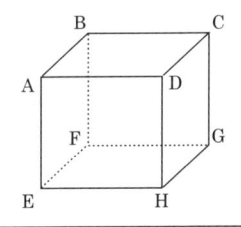

（品川女子学院中・改題）

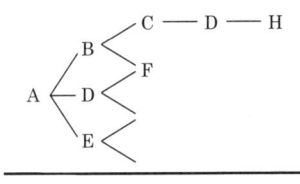

```
         C — D — H
      B <
   A < D    F
      E <
```

3通り×2通り×1通り×1通り＝6通り

2　立体図形

―――――――――― 問題 15 の解説 ――――――――――

　では、遠回りしてもいい道順で、同じ点を通っていい問題は、どうすればいいのでしょうか。それがこの問題 15 です。

　この問題を前の問題と同じように樹形図を描こうとすると、かなり大変です。ここでは、道順の基本に戻って、見取り図の角に数字を入れることにします。ただし、基本的な平面図形の道順と違って、それぞれの時間ごとに、図を描きます。というのも、1 つの図に書き入れると、同じ角に多くの数字が入り、整理しきれなくなってしまうからです。この問題は、(1) で 3 秒後、(2) で 5 秒後を求めるので、初めに 5 個の立方体の見取り図を描いておいて、どんどん角にたし算をした数字を書き込みます。

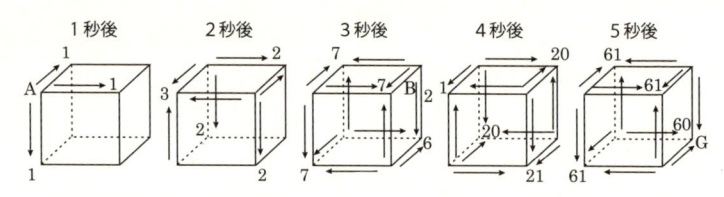

　上の図の通り、3 秒後の B は 7 通り、5 秒後の G は、60 通りになります。描かなくても前の角の数を暗算でたし算できるならば、点の移動を示している矢印は省略してかまいません。また、5 秒後に頂点 G に到達するコースだけを求めるだけなら、5 秒後の他の 3 つの角の 61 通りは出す必要はありません。

第2章　文章題編

　文章題というのは、文字通り、文章で条件が書かれている問題を言います。単元としては、特殊算・割合、比・速さ・数の性質・場合の数などがあり、普通の問題集では、単元別で分けられていることが多いと思います。

　それに対して本書では、図→式という流れを重視していますから、図によって分類してあります。その図とは、**線分図・面積図・表・グラフの4つ**です。なお本書では、てんびんは線分図の変形として扱っています。

　もちろん、これ以外にも図はありますが、文章題でわからない問題があったとき、この4つの図にしぼられるといってもいいでしょう。これ以外の図、たとえば、樹形図は、場合の数の問題で使うと限られているので、迷うことはありません。

　大切なのは、その問題に最もふさわしい図を描くことだ、ということは、「はじめに」でも書きました。逆に言うなら、間違った常識みたいなものがたくさんあるのです。つまり、もし図を描いても式が立たず、答えが出ないとすれば、それは、まだ技術が足りないか、ふさわしくない図を描いているかのどちらかです。

　もっともふさわしい図による分類の練習を通じて、算数を解く力を上げていってください。

1 線分図

　線分図というのは、直線を短いたての線で区切った「線分」を利用して描いた図で、一番単純ですし、練習をそれほど多くこなさなくても比較的簡単に描けるようになります。しかも、面積図やグラフのもとにもなっているので、大変に重要な図だといえるでしょう。また、数直線も線分図の一種と見てもいいかもしれません。

　線分図で大事なことは、線の長さで大きさを表す、ということです。当たり前ですが、**大きいものは長く、小さいものは短く**するわけですが、もう一つ大切なことがあります。それは、**等しいものは同じ長さにして、点線で結ぶ**、ということです。

　線分図は1本の線を引くことで線の上と下が生まれます。つまり、**線分図は2種類の数字を整理するのに適している**といえます。言い換えれば、3種類を1本の線分図で整理するには工夫が必要になります。4種類以上の数字は、2段以上の線分図にするか他の図を描くことを考える必要があります。

　線分図は、和の線分図と差の線分図があります。どちらが条件として重要かで、和か差かが決まります。和の線分図は線分図をくっつけ、差の線分図はたてに並べるのが基本です。

　線分図を描く特殊算に、和差算という文章題があります。

和が10、差が2の整数があります。大はいくつですか。

　問題としては簡単で、大＝（10＋2）÷2＝6とあっさり式だけで出せるはずです。ただ、これでは、すでに分かっていることをや

ったゞけで、何の練習にもなりません。つまり、

> 大＝（和＋差）÷２
> 小＝（和－差）÷２

という知識を確認しただけです。ただ、低学年で初めて和差算を習うときは、次のような線分図で説明されたかもしれません。

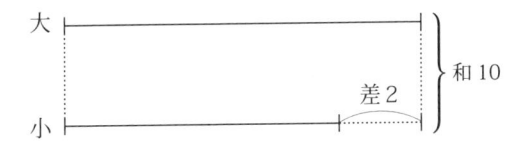

しかし、この線分図には、和と差をたす部分はありませんし、÷２の２が図のどこにもありません。つまり、式とは無関係な図ということになります。では、どうすればいいのでしょうか。和を表すには、「図をくっ付ける」とすでに書きました。だから、

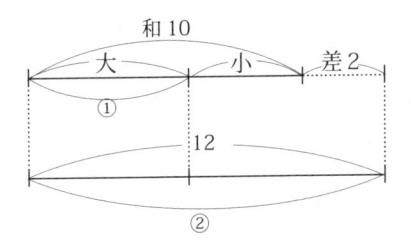

このように描けば、和も表せますし、÷２も②として図に書けます。つまり、図と式がつながったということになるのです。

1 線分図

■問題16 **倍数変化算**

> 兄と弟の貯金高の比は5：3でした。ところが兄が7500円使い、弟が1000円貯金したので、兄と弟の貯金高の比は3：4になりました。兄はいくら持っていましたか。
>
> （慶應中等部）

【解説16】

倍数算の基本

倍数変化算は、基本の終わりで、応用の始まりともいえる問題です。何問かをしっかり練習すれば、マスターできるでしょうが、初めて解いたときに簡単には解けなかったかもしれません。特に、図を描く習慣がないと解きにくいでしょう。倍数変化算を頭の中だけで整理し式を立てるのは、高い処理力が必要です。

倍数変化算の前に、その基本である倍数算について確認しておきます。

倍数算は、線分図に和の線分図と差の線分図があるように、和一定の倍数算と差一定の倍数算があります。解説37でも触れていますが、年令算も基本は差一定の倍数算です。

① 和一定の倍数算

> 現在の兄と弟の所持金の比は5：1です。兄が弟に200円渡すと3：1になります。現在の兄の所持金はいくらですか。

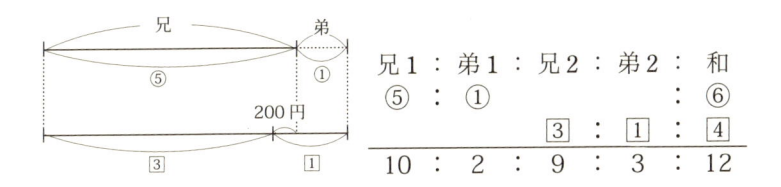

	兄1	:	弟1	:	兄2	:	弟2	:	和
	⑤	:	①					:	⑥
					3	:	1	:	4
	10	:	2	:	9	:	3	:	12

　この問題では、二人の所持金の合計が一定です。そこで、二人の所持金の比の和でそろえると、右上のようになります。そこで、200円に当たる比は、$10 - 9 = 1$（または、$3 - 2 = 1$）で、現在の兄の所持金は10なので、$10 : 1 = □円 : 200円$、$□ = 2000円$です。

② 差一定の倍数算

> 現在の兄と弟の所持金の比は5：1です。二人が200円もらうと3：1になります。現在の兄の所持金はいくらですか。

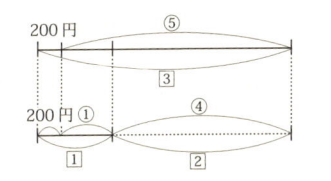

	兄1	:	弟1	:	兄2	:	弟2	:	差
	⑤	:	①					:	④
					3	:	1	:	2
	⑤	:	①	:	⑥	:	②	:	④

　この問題では、二人の所持金の差が一定です。そこで、2人の所持金の比の差でそろえると、上の図のようになります。そこで、200円に当たる比は、$6 - 5 = 1$（または、$2 - 1 = 1$）で、現在の兄の所持金は5なので、$5 : 1 = □円 : 200円$、$□ = 1000円$です。

　どちらの倍数算も、慣れてくれば線分図なしで解けるようになるでしょう。

1 線分図

―――――― 問題 16 の解説 ――――――

　倍数変化算を整理する図も線分図です。倍数算、つまり割合や比が条件の問題の多くは、線分図で分析することになります。

　倍数変化算は、その名前の通り、条件の数字をそのまま使うのではなく、変化させる必要があります。その考え方の基本は、消去算と同じです。つまり、どちらかの最小公倍数でそろえるということです。ただ、消去算でも、加減法で求める場合は、わざわざ線分図は描きません。描かなくても答えを出せる場合がほとんどだからです。なぜかというと、消去算を習う時期は、すでに分数の通分やたし算・ひき算を学習しているので、最小公倍数でそろえることは理解しているからです。分数の通分は分母を最小公倍数でそろえ、分母と分子の 2 個で数字を上下に並べるのに対し、消去算は個の数字を横に並べることや、そろえる数字は問題ごとによって変わるなど、多少の違いはありますが、考え方が同じなので、何問か練習すれば、たいていはできるようになります。

　それに対し、倍数変化算は、算数が得意でなければ、線分図が必要だと思います。その理由は、消去算が一方を最小公倍数でそろえて、ひき算をして消すと決まっていますが、倍数変化算は問題ごとにたし算をするかひき算をするかを判断しなければならないからです。

　倍数変化算の線分図を描く時のポイントは、変化させた後の線分図を元の線分図の右に描くことです。間に矢印を描いて、何倍したかをメモしてもいいでしょう。一般には下に描くことの方が多いでしょうが、右に描けば、線分の長さを気にせずに後の線分図を描くことができます。

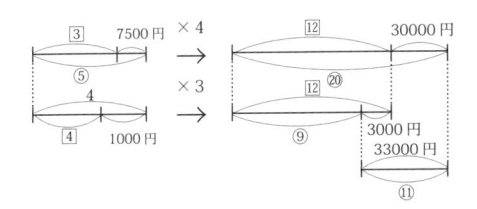

```
 ③   7500円   ×4      12          30000円
 ┌─────┐     →    ┌──────────┐
 ⑤                  12  ⑳
   4         ×3         
 ┌─────┐     →    ┌──────────┐
 ④   1000円            ⑨    3000円
                              33000円
                         ⑪
```

　求めるのは⑤にあたる兄の所持金ですから、□の比でそろえます。兄の3と弟の4の最小公倍数の12でそろえると、兄を4倍、弟は3倍して上の図のようになり、30000＋3000＝33000円が⑳－⑨＝⑪になるので、兄の所持金は、⑪：⑤＝33000円：□円、□＝15000円、となります。

■問題17　消去算（上皿てんびん）

　重さのちがう3種類の硬貨、Eコイン、Mコイン、Kコインがあります。
　Eコインが何枚か入っている袋A、Mコインが何枚か入っている袋B、Kコインが何枚か入っている袋Cを作ります。

```
AAAB  CCC        BBB   CCCA
 └──┬──┘          └──┬──┘
    △                △
```

　これらの袋をてんびんにのせたところ、図のようにA3袋、B1袋とC3袋がつりあい、またB3袋とC3袋、A1袋がつりあいました。
　3つの袋の重さを最も簡単な整数の比で表しなさい。

(穎明館中・改題)

1 線分図

【解説 17】

消去算の基本

消去算には、加減法と代入法の 2 つの種類があります。加減法は問題 16 の倍数変化算で触れています。

ここでは代入法という、基本レベルでは引っかかることもある消去算について先に説明しておきます。

> りんご 3 個とみかん 4 個の合計のねだんは 460 円で、りんご 2 個のねだんはみかん 9 個のねだんより 15 円高いそうです。みかん 1 個のねだんはいくらですか。
>
> (西武文理中)

入試問題としては、一行題レベルですが、初めて消去算を解く段階では、やや難しいかもしれません。こんな時、倍数変化算と同様に、線分図で整理することを指示します。

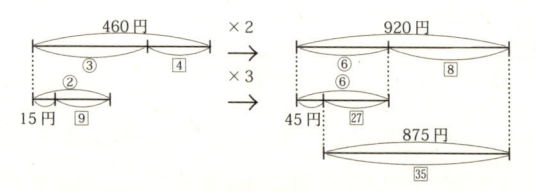

このとき、15 円を左に、⑨を右にすることが大切です。もし逆に書いたら、3 倍した後の右の線分図で入れ替えればいいでしょう。あとは、みかん㉗＋⑧＝㉟個が、920 － 45 ＝ 875 円に当たるので、みかん 1 個は、875 ÷ 35 ＝ 25 円と求められます。

加減法について、1つだけ付け加えると、たとえば、りんご×3＋みかん×4＝460円というように説明されることがありますが、りんごをx、みかんをyとし、$x×3＋y×4＝460$とすると、そのまま方程式になってしまうので、あまりお勧めできません。中には方程式を使っても答えが出る算数の問題があるのは確かですが、算数を解く力を上げることにはつながりません。

―――――― **問題17の解説** ――――――

上皿てんびんの問題も、線分図で整理するといいでしょう。

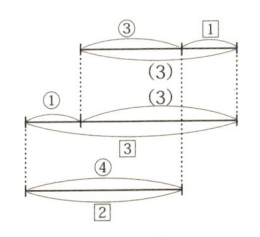

ところで、比の数字の周りは記号で囲むのが常識ですが、個人的には初めに○、次は□にしています。基本的なレベルでは、たいていこの2つですみますが、少し応用レベルになると3種類目の比が出てきます。これも個人的には、( )で囲むことにしています。家庭教師などをしていると、△で囲む場合の方が多いようです。しかし、△は分数の分子が2けた以上のとき、書きにくいし、見にくいと思います。第一、問題番号で、1、①、(1)は見かけますが、△はほとんど見かけません。ワープロソフトのwordでも、数字の1を変換すると、1、①、(1)には変換できます（他には、❶①など）が、△に変換はできません。個人的には、なぜ、△の方が人気がある

1 線分図

のか、不思議な気がします。

この問題では、Aを○、Bを□、Cを( )で囲むことにします。すると、前ページのような線分図で整理することができます。

Aの①+③=④と、Bの③-①=②が同じであることがわかります。1個の重さの比は、個数の比の逆比になります。

```
           A : B
個数比      4 : 2
         = 2 : 1
1個比      1 : 2
```

Cは $(1 \times 3 + 2 \times 1) \div 3 = \frac{5}{3}$ （または、$(2 \times 3 - 1 \times 1) \div 3 = \frac{5}{3}$）、なので、$A : B : C = 1 : 2 : \frac{5}{3} = 3 : 6 : 5$ がA：B：Cの1個の比になります。

■問題18　**通過算**

> 急行電車と普通電車がそれぞれ一定な速さで走っている。普通電車の速さは毎時80kmである。上りの普通電車の最前部が、上りの急行電車の最前部に並んでから、最後部に追いぬかれるのに25秒かかり、下りの急行電車の最前部とすれちがってから最後部とすれちがうのに5秒かかった。また、急行電車の最前部がトンネルに入ってから、最前部が出るまでに9秒かかった。このトンネルの長さは□mである。ただし、上りと下りの急行電車の長さは同じとする。
>
> (灘中)

【解説18】

通過算→距離と速さの線分図

　中学入試問題の速さの問題のほとんどは、ダイヤグラム（グラフ）で整理します。線分図では、よほど基本的な問題でない限り、距離を整理できても時間を正確にあらわすことができなくなりますし、速さの変化や停止などはあらわせません。
　しかし、**何事にも例外があります**。速さの問題のうち、**通過算、流水算、時計算という３つの速さの特殊算は、グラフ以外の図を描きます**。

　一般的に通過算というのは、長さを考えなければならない速さの問題をいいます。列車の動きである問題が多いです。
　２つの列車の動きは、慣れれば式だけで答えは出せるでしょう。

> すれちがう時間＝列車の長さの和÷列車の速さの和
> 追いこす時間　＝列車の長さの和÷列車の速さの差

　すれちがう通過算の問題は、最後尾の出会いの旅人算で、追いこす通過算の問題は、最後尾と先頭車両の追いかける旅人算です。
　距離はどちらも列車の和で、速さは和と差を使い分ければいいのです。ただ、追いこす通過算は、線路が上下線２本以上必要で、どの路線でも起こるわけではありません。そのため少しイメージしにくいところがあるかもしれません。おそい方が止まっている横を速さの差で速い方が追いぬいていくのですが、すれ違いに比べて、実

1 線分図

際経験がないという場合もあるでしょう。高速道路でトラックの横をぬいていくことを想像してもいいかもしれません。

このうち、**通過算は、距離と時間の線分図を描きます。**

というよりも、ダイヤグラムを描くまでもなく、線分図で充分に整理できるだけのことです。例外の例外として、ダイヤグラムが必要な通過算もあります（問題44参照）。そのような通過算は、相当難度が高いといえるでしょう。

通過算で、線分図ですむのなら、その方が作業量も少なくてすみますし、楽だといえます。ですから、距離と時間をうまく整理して、速さについては列車の線分図の上にメモしておき、走る方向だけ矢印で示しておきます。特に列車を描いたり、鉄橋を描いたりする必要はありません。

電車が、長さ450mの鉄橋を渡り終えるまでに20秒かかりました。また同じ電車が長さ360mのトンネルにかくれて姿が見えない時間は10秒間でした。この電車の速さは毎秒何mですか。

（跡見学園中）

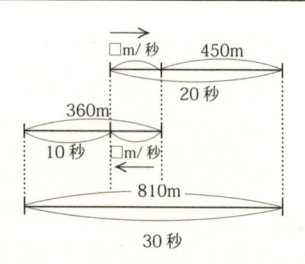

基本レベルの通過算が線分図で整理できるのは、条件が単純だか

らですが、この問題では多少の工夫は必要です。

初めの条件は普通に左に□ m/秒の列車、右に 450 m の鉄橋を描き、線分図の下に 20 秒を書きます。それに対し、□ m/秒をはさんで 10 秒を左の下に書き、上に 360 m を書けば、うまく整理できるでしょう。

この電車の速さは、(360 ＋ 450) ÷ (10 ＋ 20) ＝ 27 m/秒です。

―――――――――― 問題 18 の解説 ――――――――――

この問題は、表面的には通過算に見えます。だとすると、描く図は距離と時間の線分図になります。

しかし、この問題で一番大切な条件は、実は速さの関係です。すると、この問題で描くべき図は、速さの線分図ということになります。

「上りの普通電車の最前部が、上りの急行電車の最前部に並んでから、最後部に追いぬかれるのに 25 秒かかり」ということから、急行電車と普通電車の速さの差の時間は 25 秒です。一方、「下りの急行電車の最前部とすれちがってから最後部とすれちがうのに 5 秒かかった」ということから、急行電車と普通電車の速さの和の時間が 5 秒です。ということは、25 秒：5 秒＝ 5：1 の逆比である①：⑤が速さの差と速さの和の比になります。

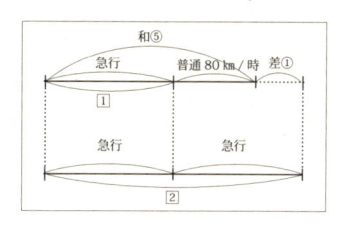

そこで、急行電車の速さ比は、(⑤+①)÷2=③、普通電車の速さ比は⑤-③=②、となり、急行電車の速さは、③:②=□km/時:80km/時、□=120km/時です。後は、単位換算と速さの公式を1つの式にして、トンネルの長さを求めます。$120 \div \frac{18}{5} \times 9 = 300$m です。

■問題19　流水算

> 川の下流のA地点と川の上流のB地点は60kmはなれています。船がA地点を出発しB地点に行き、B地点からA地点に帰ります。行きにかかった時間は1時間40分、帰りにかかった時間は1時間30分でした。川の流れがないときの、行きと帰りの船の速さの比は5:3でした。川の流れの速さは時速何kmですか。
>
> （星野学園中）

【解説19】

流水算→速さの線分図

　流水算というと、川の流れがあり、船が上流に上ったり、下流に下ったりする速さの問題のことをいいますが、図からすると、**速さの線分図を描く問題のことを指します。**
　前にも書いたように、速さの応用問題は、ダイヤグラムで整理することが多いです。ダイヤグラムは、時間と距離を正確に表すこと

はできますが、速さについて整理することはできません。角度によって速さの変化を表すことや、速さの数字をメモすることができるだけです。

そこで速さを調べるのには、速さの線分図が必要になります。

> 上りの速さ＝静水時の速さ－川の速さ
> 下りの速さ＝静水時の速さ＋川の速さ

静水時の速さとは、川の流れのないところの速さのことで、川を上る時は、川の速さの分だけ遅くなり、下る時は川の速さの分だけ早くなる、というのが流水算の基本です。

> 川の速さ　　＝（下りの速さ－上りの速さ）÷2
> 静水時の速さ＝（上りの速さ＋下りの速さ）÷2

これらを整理するのに描くのが速さの線分図です。

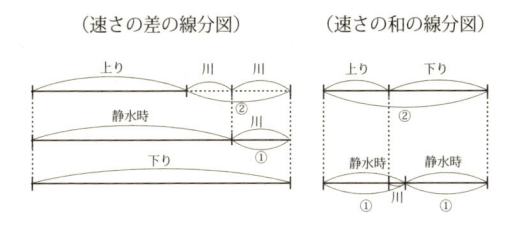

（速さの差の線分図）　　（速さの和の線分図）

線分図の最初の説明にも書いたように、線分図には差のタイプと、和のタイプがあります。ところが、他の線分図でもそうですが、差のタイプは描いても、和のタイプはあまり描かれません。このことは、流水算ではさらに極端になっているばかりでなく、和のタイプ

1 線分図

を見たことは、ほぼないのではないでしょうか。

たしかに、前ページの式を見ればわかるように、川の速さを求めるときは、下りの速さから上りの速さをひいて2でわるのだから、差のタイプでいいでしょう。

これに対し、静水時の速さは、上りの速さと下りの速さをたして2でわるのだから、線分図は和のタイプになります。ところが、この線分図を練習することはあまりありません。たしかに流水算としては、和のタイプの問題の数としては少ないかもしれませんが、しっかり確認してほしいところです。

この他、速さの線分図は、速さそのものにも使いますが、一見ニュートン算に見える問題にも使う場合があります。その例は、ニュートン算の問題40のところで触れることにします。

―――――― 問題19の解説 ――――――

この流水算は、和のタイプを描く必要がある問題なので、やや解きにくいかもしれません。さらにいえば、流水算は、差のタイプの線分図は、わざわざ描かなくても式は立つので、あまり練習しないので、流水算は速さの線分図を描けば式が立ち答えが出せるとは思い浮かばないのでしょう。

仮に線分図を描いたとしても、知っているのは差の線分図だけですから、よほど線分図に慣れていない限り、和の線分図の利用を考えることは少ないでしょう。この時のポイントは、何が一番重要な条件かを考えることです。

この問題の特徴は、行きと帰りの静水時の速さが違うということ

です。このことも含め、行きと帰りの速さを公式で、行き1時間40分＝$1\frac{2}{3}$時間、$60 ÷ 1\frac{2}{3}$＝時速36km、帰り1時間30分＝$1\frac{1}{2}$時間、$60 ÷ 1\frac{1}{2}$＝時速40kmと求め、次のように整理します。

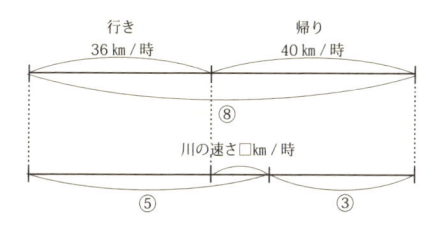

速さの和は、36＋40＝時速76kmで、速さの比の和は、⑤＋③＝⑧です。そこで行きの静水時の速さは、⑤：⑧＝時速□km：時速76km、□＝時速47.5kmとなり、川の速さは、47.5－36＝時速11.5kmです。

■問題20　ベン図・表・線分図

あるクラスでは姉がいる人の人数は、いない人の$\frac{1}{3}$、妹がいる人の人数はいない人の$\frac{1}{4}$です。また、姉も妹もいない人は25人、姉も妹もいる人は3人です。このクラスの人数は何人ですか。

(大妻中)

【解説20】

ベン図とは？

1 線分図

ベン図というのは、イギリスの数学者、ジョン・ベンという人が考案したそうです。ただ、ベン図を描くのなら、重なりのある線分図を練習した方が算数の応用力向上にはるかに効果があると思います。その1つの実例が、この問題20です。

ただし、ベン図を描いた方がいい場合もあります。それは、3個のベン図を描くタイプです。というのも、3個のベン図を描くタイプは、線分図では表せないからです。

ただ、4個以上の条件の問題になってしまうと、もうベン図は描けません。そうした時には他の工夫をする必要が出てきます。たとえば、表をうまく利用するとか、一部だけを取り出して線分図にする、などです。

3個のベン図の例

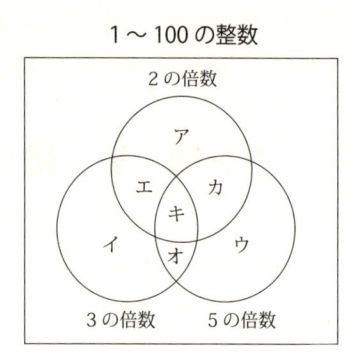

1～100の整数

（2の倍数、3の倍数、5の倍数のベン図。領域はア、イ、ウ、エ、オ、カ、キ）

たとえば、上のベン図のアの部分の個数を求めることにします。まず、2の倍数（ア＋エ＋キ＋カ）の個数を求めると、100÷2＝50個です。次に2と3の公倍数（エ＋キ）の個数は、2、3の最小公倍数6の倍数なので、100÷6＝16個です。次に2と5の公倍数（キ＋カ）は、同じく2、5の最小公倍数10の倍数なので、100÷10＝10個です。最後に2、3、5の公倍数（キ）は、2、3、5の

最小公倍数30の倍数なので、100÷30＝3個です。そこで、エ＋キ＋カ＝（エ＋キ）＋（キ＋カ）－キ＝16＋10－3＝23個です。だから、ア＝50－23＝27個になります。

———————— 問題20の解説 ————————

この問題を見ると、ベン図を描くかもしれません。ところが、次のような図を描いて、それ以上することはありません。

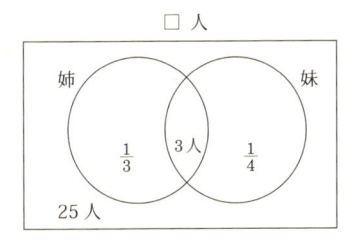

□人

姉		妹
$\frac{1}{3}$	3人	$\frac{1}{4}$

25人

これでは、長方形と円の中に数字を並べただけで、条件を整理したことにはなりませんし、式が立つわけがありません。

次に考えられるのは、9分割の表を描くことです。

姉＼妹	いる	いない	合計
いる	3人		$\frac{1}{3}$
いない		25人	
合計	$\frac{1}{4}$		

表を描いた場合も、ベン図と同様、これでは数字を書きならべただ

1 線分図

けです。もちろん、答えも出ません。(実は、姉がいない、妹がいない、に1と書き、合計のところにそれぞれの和を書くことまではできます。その上、割合を書き込むことができても、やれるのはそこまででしょうし、割合だけで条件を1つそろえられるのは、ごく少数です。)

では、どうして、式も立たず、答えも出せないのでしょうか。そして、どうしたら答えが出るのでしょうか。

答えが出せなかった理由は2つあります。1つは、分数をそのまま書き込んでいることです。もう1つは、この問題に一番合っている図を描いていないことです。式も立たず、答えも出ないのでは、図を描いたことにはなりません。

それでは、どうすればいいのでしょうか?

1つは、**分数を整数に直す**ことです。割合ではなく、比で表せばいいのです。姉がいる人:姉がいない人 $= \frac{1}{3} : 1 = 1 : 3$、妹がいる人:妹がいない人 $= \frac{1}{4} : 1 = 1 : 4$ と比に直します。次に合計の比で連比します。

姉○	:	姉×	:	妹○	:	妹×	:	合計
1	:	3	:				:	4
				1	:	4	:	5
5	:	15	:	4	:	16	:	20

これを図に書き込みます。**この問題に一番合っている図は(重なりのある)線分図です。**

第2章　文章題編

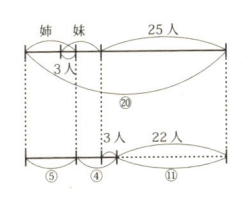

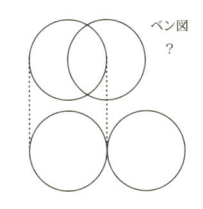

まず、姉、妹が両方いる重なり部分に3人、両方いないところに25人を書き込みます。ここまではベン図と変わりありません。全体の比は⑳です。線分図とベン図が違うのは、2段にできるかどうかです。ベン図を2段にすることはありませんが、線分図ではよくあることです。次に重なりの3人を右にずらします。すると、25－3＝22人にあたる比が、⑳－（⑤＋④）＝⑪であることがわかるはずです。そこで、⑳：⑪＝□人：22人、□＝40人と全体の人数が求められます。

■問題21　食塩水とてんびん

> 10％の食塩水150gに6％の食塩水□gを混ぜます。その後、14％の食塩水100gを混ぜると8％の食塩水ができます。
>
> （栄東中）

【解説21】

てんびんを利用する食塩水

てんびんは、濃度で利用する専門の道具のような図です。たまに平均算にも使うときもありますが、食塩水で使うことが圧倒的に多

1 　線分図

いです。ただ、こう書くと、てんびんは何か特別な図のように思われてしまうかもしれませんが、てんびんは線分図におもりと支点を描き加えた図です。つまり、てんびんは線分図の一種で、おもりを加え少しだけ工夫をした図だといえるでしょう。

　てんびんを利用して解くカギは、逆比の理解にあるといえます。食塩水の基本は、割合の公式ですが、応用問題を解くには、比の利用が不可欠です。その中でも逆比を使いこなすことが、比の理解の核になります。

　逆比は、面積図でも説明することはできます。しかし、面積図の性質からいって、あまり逆比の説明には向いていません。逆比の「逆」というのは右のものが左に、左のものが右になるような状態をいいますが、面積図の場合、たての辺の比を横の辺の比にしたり横の辺の比をたての辺の比にしたりします。こういうことを、普通逆とはいいません。また、逆比は、積を求めず、積一定の条件を使って残りの2つの比を考えますが、面積図では、面積を使って求めることに特徴があります。

割合による説明

> 　2つの容器A、Bがあって、Aには12％の食塩水が300g、Bには8％の食塩水が300g入っています。Aの容器からBの容器へ100gうつしてまぜ、そのあとBの容器からAの容器へ100gうつすとAの容器には何％の食塩水が入っていますか。
>
> （カリタス女子中・改題）

第2章　文章題編

この問題を割合の公式を使って説明するのは大変です。とりあえず、食塩水の移動を表で整理しておきます。

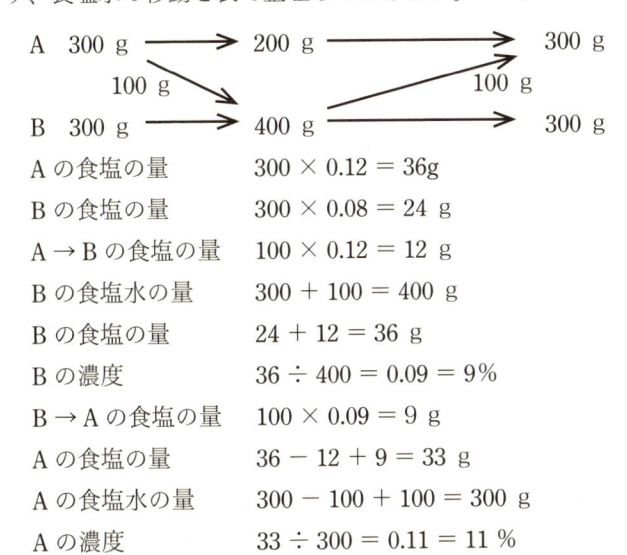

A　300 g　　　　　200 g　　　　　　　　　300 g
　　　　100 g　　　　　　　　　100 g
B　300 g　　　　　400 g　　　　　　　　　300 g

Aの食塩の量	$300 \times 0.12 = 36$ g
Bの食塩の量	$300 \times 0.08 = 24$ g
A→Bの食塩の量	$100 \times 0.12 = 12$ g
Bの食塩水の量	$300 + 100 = 400$ g
Bの食塩の量	$24 + 12 = 36$ g
Bの濃度	$36 \div 400 = 0.09 = 9\%$
B→Aの食塩の量	$100 \times 0.09 = 9$ g
Aの食塩の量	$36 - 12 + 9 = 33$ g
Aの食塩水の量	$300 - 100 + 100 = 300$ g
Aの濃度	$33 \div 300 = 0.11 = 11\%$

このように、**割合の公式で解くと、この程度の問題でも、たくさんの式が必要になります**。また、上に描いた表は、出てきた結果をメモしているだけで、これをもとに式を立てているわけではありません。

同じ問題を、てんびんと逆比で説明してみます。

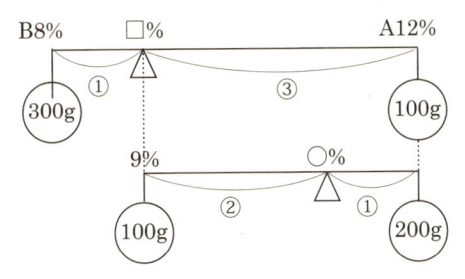

　　　　　　B8%　　　□%　　　　　　　A12%
　　　　　　　　①　　　　　③
　　　　　　300g　　　　　　　　　　　100g
　　　　　　　　　　9%　　　○%
　　　　　　　　　　　②　　　①
　　　　　　　　　100g　　　　　200g

91

Bの食塩水とAからBにうつした食塩水の重さの比は300g：100g＝3：1なので、支点からの距離の比は逆比の①：③になります。次に、BからAにうつした食塩水とAに残った食塩水の比は、100g：300－100g＝1：2で、支点からの距離の比は逆比の②：①になります。この距離の比の和である①＋②＝③の比が、はじめの支点からAまでの距離の比である③と同じになるので、距離の比は、はじめからそろっていたことになります（もしもそろっていないときは、最小公倍数を利用してそろえます）。

最終的には、Aの濃度12％と、Bの濃度8％の差である12－8＝4％にあたる比は、①＋③＝④となり、①にあたる比を求めると、④：①＝4％：□％、□＝1％となり、Aの濃度は、12－1＝11％になります。

公式と逆比を比較すると、式の数といい、小数と整数の数字の違いといい、まったく異なることがわかると思います。

――――――――― **問題 21 の解説** ―――――――――

問題21をてんびんと逆比で説明します。

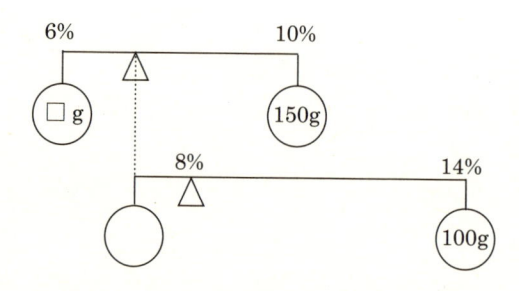

これでは、これ以上なにも生まれません。ここでは、問題文の読

み替えが必要になります。6％と10％を混ぜ、そこに14％を混ぜて8％の食塩水を作っても、順番を変えて10％と14％を先に混ぜてから6％を混ぜて8％を作っても同じだと考えます。

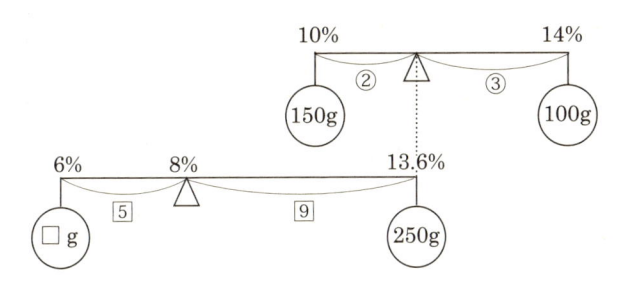

14 − 10 = 4％、②+③=⑤、②:⑤=□％:4％、□= 3.6％、これを下の線分図に書き入れ、10 + 3.6 = 13.6％、13.6 − 8 = 5.6％、8 − 6 = 2％、100 + 150 = 250 g となり、2％:5.6％= 5 : 9 の逆比を使い、9:5 =□g:250 g、□= 450 g と求められます。

2 面積図

　面積図は、図のない文章題を長方形の面積を通じて整理し、式を立て、答えを出すことが特徴です。つまり、平面図形の性質を利用して複雑な関係を整理し、式を立て、答えを出そうとするわけです。

　この時、**面積図を利用するかどうかを判断する決め手は、積の関係があるかどうか**です。

> 　１個の値段×個数＝全体の値段
> 　（たて）　（横）　（面積）

　ただし、割合のように線分図ですむような分野では面積図を使うことは少ないでしょう。割合の分野で面積図を使うものとしては売買の複数の個数の問題などです。もちろん、食塩水で利用することもあります。

　この他の分野で、**面積図を使う代表例は平均算**でしょう。平均算にも積の関係はあります。

> 　平均×個数＝合計
> 　（たて）（横）（面積）

　平均算は３種類のつるかめ算（つるかめ昆虫算）と組み合わされることもあります。３種類をひとまず平均算を利用して２種類にしてから、つるかめ算で解くパターンです。

　つるかめ算に関しては、面積図で説明されることが多いですが、

第 2 章　文章題編

基本レベルでは式だけで十分だと思います。少ない方をつる、多い方をかめと呼ぶとして、

> つるの数＝（かめ×個数－全体）÷（かめ－つる）
> かめの数＝（全体－つる×個数）÷（かめ－つる）

つるかめ算で最初に問題になるのは、マイナスのあるつるかめ算でしょう。タイプとしては、テストで不正解だと点数を引かれるものと、運んだ時に壊すと弁償しなければならないものが多いですが、意外と知られていないのは次のタイプでしょう。

> 50円切手と60円切手を合わせて48枚買いました。50円切手にはらったお金は60円切手にはらったお金より640円多くなりました。50円切手と60円切手はそれぞれ何枚買いましたか。
>
> （昭和女子大付属昭和中）

つるかめ算は、一般的には、面積図で説明されます。この他、表を使って整理することもあります。この問題を面積図で説明すると次のようになります。

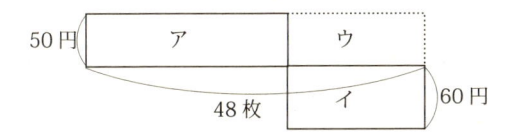

こうして、面積図を描くことは一応できます。しかし、ここで大きな問題が生まれます。この面積図には、640円を書き込むところ

がないのです。なぜなら、**面積図は、差を表すことがほぼできないという欠点がある**からです。面積図は、一部の例外(たまたま横がそろっている場合や問題25のようなときとか)を除いて、差を表すことはできません。もし、その差を書くならば、図の外側に次のように式にするしかありません。

アの面積－イの面積＝640円

ただ、これだけでは、図の外に式をメモしただけで、図に書き込んだことにはなりませんし、ここから式は生まれません。これで式を立て、答えが出せるとしたら、図と無関係に条件の関係がつかめる場合だけです。面積図を描いた理由は、等積変形を利用するからです。

ア＋ウの面積－イ＋ウの面積＝640円

ア＋ウの面積＝50×48

　　　　　　＝2400円

イ＋ウの面積＝2400－640

　　　　　　＝1760円

イ＋ウの横　＝1760÷(50＋60)

　　　　　　＝16枚＝60円切手の枚数

48－16＝32枚＝50円の枚数。

この説明では、わかるなら面積図なしでも理解できますし、わからなければ面積図を描いても理解はできない場合が多いのです。つまり、面積図を描くことが、正解を手に入れることにはつながりません。この問題については解説33で、ふたたび触れます。

■問題22 **食塩水と面積図**

> 容器に 10% の食塩水が 500 g 入っています。この食塩水を別の容器に何 g か入れて 2 つに分け、一方には 4% の食塩水を入れ、もう一方には水を入れ、両方とも 500 g にしたところ、この 2 つの食塩水の濃度は同じになりました。水は □ g 入れたことになります。
>
> （芝中）

【解説22】

面積図を利用する食塩水

積を利用する、あるいは図形の性質を使って解く食塩水の問題は、面積図を描いて条件を整理します。理科で出てくるてんびんは、てんびん棒の重さを考えたり、おもりの重さ×支点からの距離＝回転モーメントを使ったりしますが、回転する力というものは目には見えません。一方、長方形の面積は目に見えます。ということは、積を利用するときや、等積変形などの図形の性質は、面積図を描いた方が、わからない条件を整理しやすく、わかりやすくなる場合があるということです。

―――――― 問題 22 の解説 ――――――

この問題は、てんびんではなく**面積図を描いて整理します。**

2　面積図

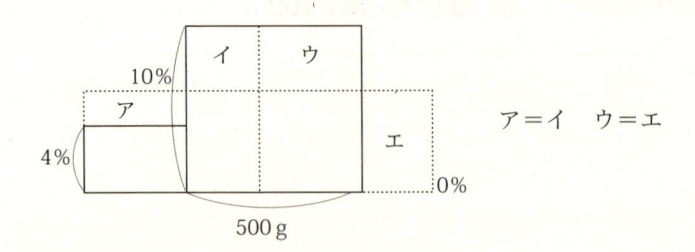

```
        ┌───┬───┐
    10% │ イ│ ウ│
    ┌───┤   │   │
    │ア │   │   │
 4% │   │   │ エ│        ア＝イ　ウ＝エ
    └───┴───┴───┘0%
         500g
```

と、ここまでなら、多少工夫すれば、描けるでしょう。

10％の食塩水に、4％の食塩水と水を混ぜるのですから、10％の食塩水を真ん中において、4％の食塩水、水を左右におけば、両方と混ぜることができます。ここで元の食塩水500gをA g と B g に分けて、それぞれ4％の食塩水と水に混ぜると、両方とも500gになるから、4％の食塩水は B g、水は A g になります。

ここからが、解けるかどうかの分かれ目になります。

食塩水で面積図を利用する場合、何らかの工夫をしなければならないことが多いです。

ここで、面積図を描いたわけをはっきりさせましょう。それは、等積変形という図形の性質を利用するためです。

アの上・イの左に、オをおぎない、ウの上・エの右に、カをおぎないます。すると、イ＋オとエ＋カは、どちらもたてが等しく、横が500gになり、イ＋オ＝エ＋カ、となります。ここで、ア＝イ、ウ＝エ、ですから、ア＋オ＝イ＋オ＝エ＋カ＝ウ＋カ、となり、ア＋オとウ＋カが同じ面積であることがわかります。

そこで、ア＋オとウ＋カのたての比と横の比が逆比となって、次のような面積図が、描くことができるようになるわけです。

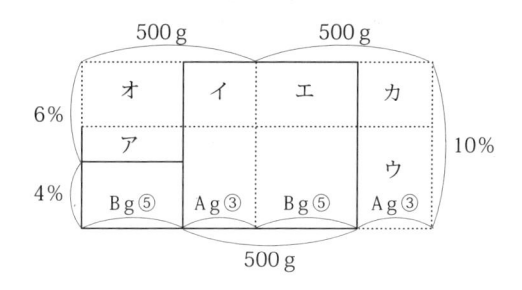

```
            500 g        500 g
      ┌─────────┬─────────┐
      │  オ │ イ │ エ │ カ │
  6%  │─────┤         ├───│ 10%
      │ ア  │         │ ウ │
  4%  │ B g⑤│A g③│B g⑤│A g③│
      └─────┴────┴────┴────┘
              500 g
```

$$\begin{array}{rl}
& \text{ア}+\text{オ}:\text{ウ}+\text{カ} \\
\text{たて} & 10-4\% : 10\% \\
= & 3 : 5 \\
\text{横} & ⑤ : ③
\end{array}$$

　Ａｇの比が③、Ｂｇの比が⑤となり、ＡｇとＢｇの合計である500ｇの比は、③+⑤=⑧となります。

　最後に、500ｇ：Ａｇ＝⑧：③、Ａ＝187.5ｇと求められます。

■問題23　面積図とてんびん

> 8％の食塩水　①　g に、12％の食塩水　②　g と食塩10 g を加えてよくかき混ぜると、10％の食塩水800 g できる。
>
> (灘中)

【解法23】

3つの食塩水

　食塩水の場合は、3種類の食塩水の時に描く図は、てんびんでいくか、それとも、面積図にするかを判断する必要があります。その基準は、どちらが数字的に出しやすいかです。

　てんびんを使えば、ほとんどの問題を処理することができます。3種類の場合は、まず初めに混ぜる2種類を選んで、混ぜ合わせてから、もう1種類の食塩水を混ぜるという、2段階のてんびんを描くことになります（問題21参照）。ただ、場合によっては途中で分数が出てきてしまうことがあります。てんびんを使う目的は、逆比を利用して、整数で処理することにあります。つまり、分かりやすい・使いやすい数字を使うことでより正確に短時間で答えを出すことができるので、てんびんを使うのですから、分数が出てくるのは、いいことではありません。

　それに対して面積図を利用するというのは、逆比で考えるからではなく、積を求めてそれによって答えを出すわけです。もしも数字が面積図の方が楽ならば、こちらを選ぶ価値はあります。

第2章　文章題編

応用力、判断力が弱い場合は、ほとんどの問題をてんびんで解けばいいでしょうが、応用力をつけたい人は、面積図も描いてみて、どちらが自分にとってあっているか、解きやすいかを比較してみましょう。

───── **問題 23 のてんびんによる解説** ─────

そこで、問題 23 をまずはてんびんで説明したいと思います。

食塩 10 g を加えて 10％の食塩水 800 g ができたということは、8％の食塩水と 12％の食塩水を混ぜてできた食塩水は、800 － 10 ＝ 790 g ということになります。そこで、次のような 2 段のてんびんを描きます。

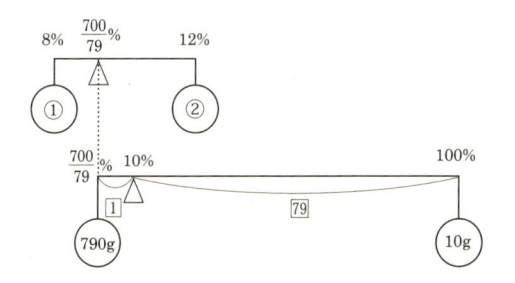

てんびんとしては、きわめて単純といえるでしょう。**問題は数字です**。790 g：10 g ＝ 79：1 の逆比で、支点からの距離比は、①：79 になります。この 79 という数字が問題なわけです。100 － 10 ＝ 90％と 79 はつながりがない数字ということになり、この後は、ひたすら分数の計算を繰り返すことになります。

①：79 ＝ □％：90％、□ ＝ $\dfrac{90}{79}$ ％と、すでに分母も分子も 2 けた

になってしまいます。これを 10 ％からひくので、$10 - \frac{90}{79} = \frac{700}{79}$ ％と、分子は 3 けたになってしまいました。かまわず続けると、8 ％：$\frac{700}{79}$ ％：12 ％ ＝ 632：700：948 ＝ 158：175：237 と、相変わらず 3 けたですが、一応整数にはなります。支点からの距離の比は、175 － 158：237 － 175 ＝ 17：62 で、食塩水の重さの比はこの逆比なので 8 ％の食塩水：12 ％の食塩水 ＝ 62：17 で、食塩水の重さの比の和が、62 ＋ 17 ＝ 79 と、ようやく 790 g とのつながりが見えてきます。まず、①の 8 ％の食塩水の量は、62：79 ＝ □ g：790 g、□ ＝ 620 g です。②の 12 ％の食塩水の量は、同じように、17：79 ＝ □ g：790 g、□ ＝ 170 g です。

問題 23 の面積図による解説

先ほどのように、途中で分数が出てくることが予想できた段階で、面積図による整理も考えてみてもいいかもしれません。

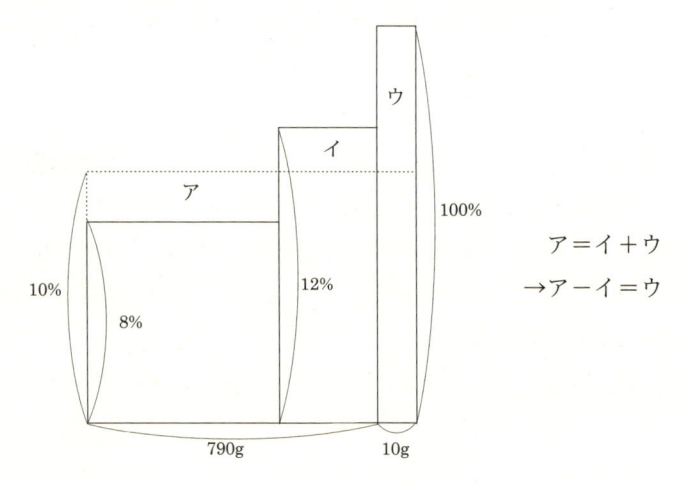

ア＝イ＋ウ
→アーイ＝ウ

ただ、面積図には1つの欠点があります。積を求める以上、たてと横の両方がわかっている長方形がなければ式は1つも立ちません。しかしこの問題では、ただ面積図を描いただけでは、たてと横がわかっている長方形はウの部分しかありません。

ウ　$(100 - 10) \times 10 = 900$

では、このあとどうすればいいのでしょうか。

そのことはすでに問題22の解説に書いてあります。**平面図形の工夫、つまり等積変形すればいい**のです。具体的には、補助線を引いてエを補います。

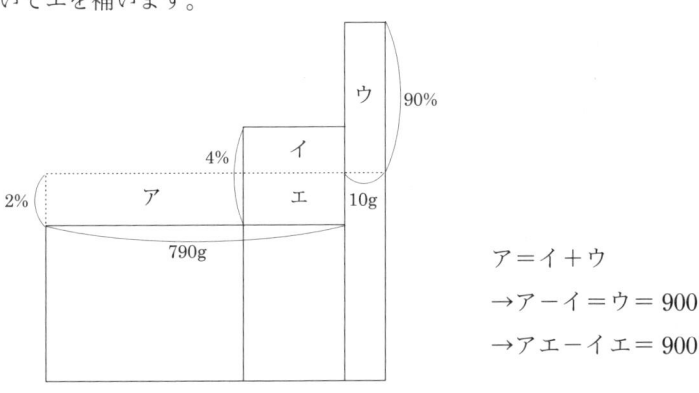

ア＝イ＋ウ
→アーイ＝ウ＝900
→アエーイエ＝900

アエ　$(10 - 8) \times 790 = 1580$
イエ　$1580 - 900 = 680$
12%の食塩水　$680 \div (12 - 8) = 170$ g
8%の食塩水　$790 - 170 = 620$ g

8%の食塩水と12%の食塩水は、上のように求められます。等積変形という平面図形の工夫は必要ですが、数字はすべて整数で求めることができます。

2 面積図

■問題 24　**面積図と平均算**

> よしこさんは 10 回のテストの平均点の目標をたてました。9 回目までの平均点は目標に 3 点足りませんでした。10 回目は 97 点取りましたが、平均点は目標に 1 点足りませんでした。目標にしていた平均点は□点です。
>
> (青山学院中)

【解説 24】

平均算の基本

面積図全体の説明でも書いたように、平均算のほとんどは面積図を描いて整理します。

平均算の面積図を描く時のポイントは、**低い長方形と高い長方形の差を強調すること**です。というのも、この差の部分が重要だからです。面積図に限らず、大切なことは強調して長く描き、重要でないことは短くするか、描かなくてもいいのです。

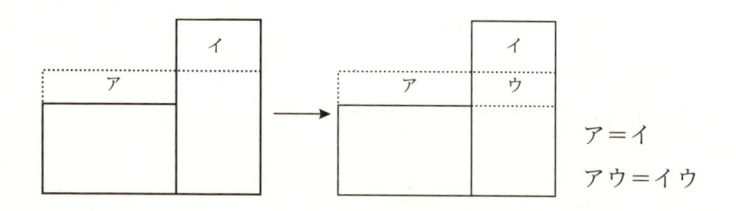

ア＝イ
アウ＝イウ

低い方の長方形のたては、高い方の長方形の半分ぐらいにすれば

いいでしょう。**平均算を解くときのカギは、平均より低いへっこみ部分アと平均より高い出っ張り部分イが等しいこと**ですが、ここにウの部分を補って等積変形することは、問題22・23で説明した通りです。

たとえば、小学校の校庭には、砂場という場所がありますが、それは、体育の時間で、走り幅跳びの測定に利用されます。そのとき、いつもならでこぼこしている砂場を、平らになるようにならします。この、平らになった状態が、平均になったとおなじなのです。

では、どうして砂場は、平らになったのでしょう。

それは、出っ張っていた砂が、へこんでいたところに運ばれたからです。面積図でいえば、等しい面積の部分になります。

―― 問題24の解説 ――

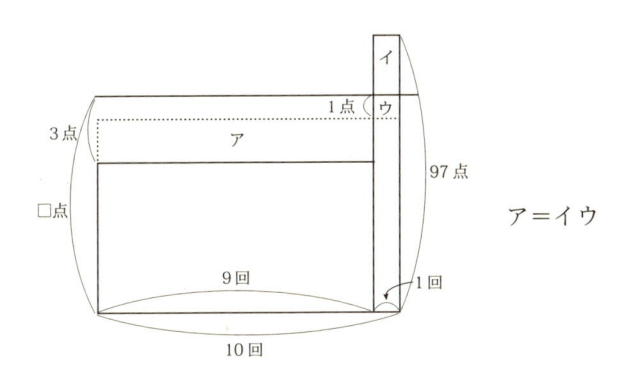

ア＝イウ

上の面積図では、アとイウの和の面積が等しいので、イウのたては、$(3-1) \times 9 \div 1 = 18$ 点で、□点は $97 - (18-1) = 80$ 点、です。

2　面積図

■問題25　図形と面積図

　底辺が4cmで高さが2cmの直角三角形があります。これを、底辺が6cm、高さが3cmの直角三角形、底辺が8cm、高さが4cmの直角三角形……と、底辺は2cmずつ、高さは1cmずつ規則的に増やしていきます。ある大きさの直角三角形から、他の直角三角形をひいたら、面積が、56cm²になりました。大きい方の直角三角形の高さは何cmですか。すべて答えなさい。

（東洋英和女子学院中・改題）

【解説25】

平方数と直角三角形の辺

　算数にとって、数字は最も重要な道具です。これらに慣れ、使いこなすことが大切であることはいうまでもありません。
　その中でも、平方数は重要な数字の一つです。1～100までは誰でも知っているでしょうから、それ以降の一部を並べてみます。

$11 \times 11 = 121$　　$16 \times 16 = 256$　　$21 \times 21 = 441$　　$31 \times 31 = 961$
$12 \times 12 = 144$　　$17 \times 17 = 289$　　$22 \times 22 = 484$　　$32 \times 32 = 1024$
$13 \times 13 = 169$　　$18 \times 18 = 324$　　　　：
$14 \times 14 = 196$　　$19 \times 19 = 361$　　　　：
$15 \times 15 = 225$　　　　：　　　　$25 \times 25 = 625$

この数字を眺めてみると、いくつかの特徴があります。たとえば、13×13の169の6と9は、形ではひっくり返したものですし、しかも、次の14×14はその6と9をいれかえた196です。32×32で初めて4ケタになります。

その中でも、一番の特徴は、次の2組でしょう。12×12が144ですが、かける数字をいれかえた21×21は結果も441と逆になっています。さらに、13×13は上に書いたように169ですが、31×31も結果が逆になった961です。「数字のふしぎと」いったところです。

平方数といえば、直角三角形の3つの辺の関係はピタゴラスの定理とも関係があります。

小×小＋中×中＝大×大

このピタゴラスの定理は、平面図形の説明で出てきたヒポクラテスの三日月と同じ考えになります。ピタゴラスの定理は直角三角形の外側にできる正方形なのに対して、ヒポクラテスの三日月は半円だという違いだけです。

この中で、3つの辺がすべて整数なのはけっこう珍しいです。では、次の数字にはどういった規則があるかわかるでしょうか。

2　面積図

```
小、中、大       小 × 小 ＋ 中 × 中 ＝ 大 × 大
3、 4、 5        3 × 3 ＋  4 ×  4 ＝  5 ×  5
5、12、13        5 × 5 ＋ 12 × 12 ＝ 13 × 13
7、20、21        7 × 7 ＋ 24 × 24 ＝ 25 × 25
9、40、41        9 × 9 ＋ 40 × 40 ＝ 41 × 41
11、60、61      11 × 11 ＋ 60 × 60 ＝ 61 × 61
```

小が奇数であることと、中と大の差が1であることはすぐにわかるでしょうが、もう1つ重要な性質があります。それは小×小＝中＋大、となっているのです。あとは、和差算で簡単に中と大を求めることができるようになります。

--- 問題25の解説 ---

この問題を解くカギは、平方数です。

計算しなくても、この直角三角形の面積は、4㎠、9㎠、16㎠……と、平方数で増えていくことはわかるでしょう。ただ、ひたすら書き出していって、差が56㎠になるものを探す、というのでは、低学年の子がやっていることと変わりません。

ここでは、56の約数を利用してみます。

$56 = 1 \times 56 =$ 奇数×偶数（×）
　　$= 2 \times 28 =$ 偶数×偶数（○）
　　$= 4 \times 14 =$ 偶数×偶数（○）
　　$= 7 \times\ 8 =$ 奇数×偶数（×）

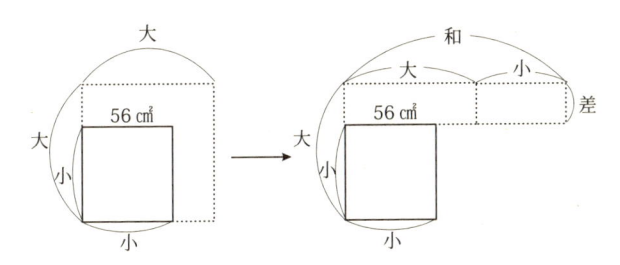

この直角三角形の面積は平方数ですから、図のように正方形におきかえることができます。これを等積移動すると、面積の差である56cm²は長方形に変形することができます。積である56cm²が偶数で、底辺も高さも大きい直角三角形と小さい直角三角形はどちらも整数なので、その和も差も偶数となります。どちらかが奇数となると、大きい直角三角形と小さい直角三角形の面積は、小数第一位が5となる小数になりますし、両方が奇数になることはあり得ません。そこで、56の約数を調べると、2と28, 4と14の2つの組が和と差であることがわかるのであとは和差算で求めればいいでしょう。

1つは、28と2の組で

大の高さ　$(28 + 2) \div 2 = 15$cm

大の底辺　$15 \times 2 = 30$cm

小の高さ　$(28 - 2) \div 2 = 13$cm

小の底辺　$13 \times 2 = 26$cm

$(30 \times 15 \times \frac{1}{2} - 26 \times 13 \times \frac{1}{2} = 225 - 169 = 56$cm²$)$

もう1つは、14と4の組で、

大の高さ　$(14 + 4) \div 2 = 9$cm

大の底辺　$9 \times 2 = 18$cm

小の高さ　$(14 - 4) \div 2 = 5$cm

2　面積図

小の底辺　$5 \times 2 = 10$cm

$(18 \times 9 \times \dfrac{1}{2} - 10 \times 5 \times \dfrac{1}{2} = 81 - 25 = 56$cm²$)$

なので、大きい直角三角形の高さは、15cmと9cmです。

■問題26　**予定と逆**

> 1個230円の品物Aと1個300円の品物Bを、Bの個数の方が多くなるように買い、代金を5000円札で支払ったところ、100円玉と10円玉でおつりをもらいました。もし、AとBの個数をいれかえて買っていたら、おつりの100円玉と10円玉の枚数もいれかわります。
>
> ただし、おつりの100円玉、10円玉はともに10枚以上もらうことはありません。
>
> (1) AとBの個数をいれかえて買ったとすると、その代金は実際に買った代金より□円安くなります。
> (2) 実際に買った品物Bの個数は□個です。
>
> （芝中）

【解説26】

差集め算の基本

差集め算の一種として、予定していたのとは逆に買いものをするという問題があります。

差集め算（過不足算）というと、線分図で説明されることが多い

ようです。でなければ、面積図かもしれません。このことについては改めて触れますが、ここでは、簡単な例で確認してみます。

> あるパーティーで、1人300円の会費を集めましたが、2800円不足したので、さらに1人100円の会費を集めたところ、4600円余りました。このパーティーの参加者は□人です。
>
> (桐光学園中)

全体の差÷1個の差=個数

全体の差=余り−余り
　　　　=不足−不足
　　　　=余り+不足

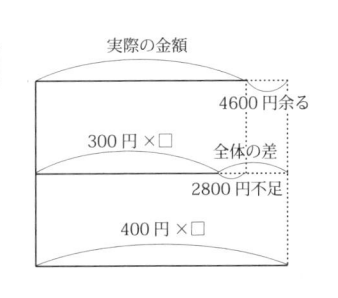

実際の金額
4600円余る
300円×□　全体の差
2800円不足
400円×□

すでに、差集め算の基本がわかっていれば、図などいらないでしょう。一人あたりの差は 400 − 300=100 円で、全体の差は余り+不足ですから、2800 + 4600 = 7400 円。パーティー参加者の人数は 7400 ÷ 100 = 74 人です。

上の線分図で気になるのは、300円×□と400円×□の部分です。というのも、□をxにおきかえると、やはり方程式になってしまうからです。また、条件が複雑になると、線分図では整理しにくくなります。

もし、線分図を描くなら、倍数算ととらえ、300円×□、400円

2　面積図

×□を③、④と比で表せば、算数で説明したことになります。また、倍数変化算の要素を持っている場合も、線分図で整理した方がいいでしょう。

――――――― 問題 26 の解説 ―――――――

この問題を差集め算と呼ぶかどうかは別として、面積図で整理することは例外的です。品物とおつりの予定と逆の面積図を描き、逆の面積図を予定の面積図の上にのせると、品物もおつりも長方形になります。

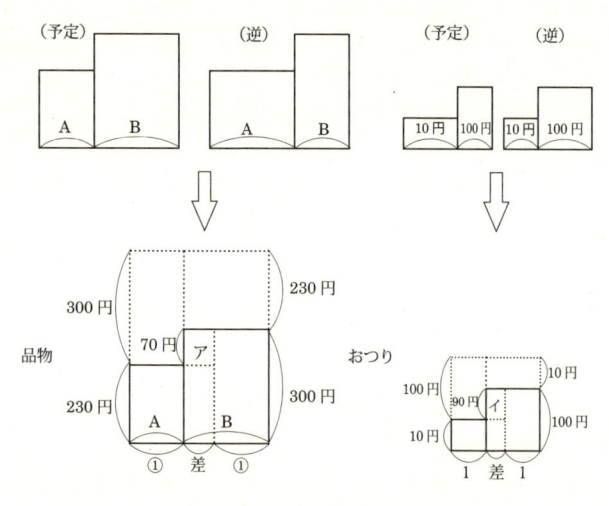

(1) 品物の予定の合計金額と逆の合計金額の差であるアの部分は、たてが 300 − 230 = 70 円だから、70 の倍数ということになります。同じように、おつりの予定の合計金額と逆の合計金額の差であるイの部分は、たてが 100 − 10 = 90 円だから、90

112

の倍数ということになります。

このとき、ア＝イなので、70と90の公倍数の630円の倍数になりますが、おつりの100円玉と10円玉は10枚以上もらわないという条件があるので、おつりは最大でも $100 \times 9 + 10 \times 9 = 990$ 円以下になります。ということは、AとBをいれかえて買った代金の差であるアは、630円だけ、ということになります。

(2) アの横を考えると、AとBの個数の差は $630 \div 70 = 9$ 個です。同じく、イの横を考えると、10円と100の枚数の差は $630 \div 90 = 7$ 枚です。(1)でも確認したように、おつりは最大で9枚ですから、おつりの差は7枚＝9枚－2枚＝8枚－1枚のどちらかになります。

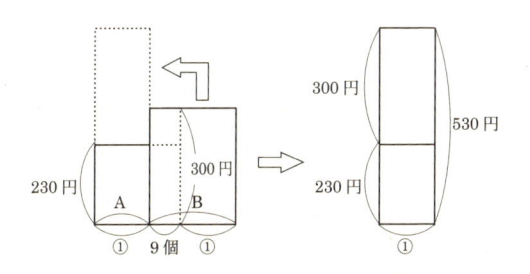

そこで、5000円からおつりとB9個分を引けば、AもBも同じ個数になるので、あとは実際に当てはめると、Aの個数は

$(5000 - 10 \times 9 - 100 \times 2 - 300 \times 9) \div (230 + 300) = 3\dfrac{42}{53}$ 個（×）

$(5000 - 10 \times 8 - 100 \times 1 - 300 \times 9) \div (230 + 300) = 4$ 個（○）

Aの個数は整数なので、4個、Bの個数は $4 + 9 = 13$ 個です。

2　面積図

■問題27　**上り坂と下り坂と平地**

> A君はギアのついた自転車で学校まで通っています。平たんな道では1回こぐごとに3m進み、上り坂ではギアを変えて1回こぐごとに2m進みます。ただし、下り坂ではこぐことはしません。家から学校までの道のりは1500mで、ちょうど480回こぐと学校に着きました。上りと下りの距離の比は3:2です。下り坂は□mあります。
>
> （芝中）

【解説27】

上りと下りと平地

普通、上りと下りと平地の問題といえば、速さの問題と相場は決まっています。だから、基本はダイヤグラムで整理することが多いはずです。といっても、ふつうにダイヤグラムを描けば解決できるとは限りません。

たとえば、次のような問題では、もし仮にふつうにグラフを描いても、ただ描いただけで終わってしまいます。しかも、行きと帰りで上り、下り、平地の3種類の速さがあるわけで、合計で6種類の速さが出てくるかなり複雑なダイヤグラムになってしまいます。

> 花子さんは、A町からB町まで行って帰ってきました。このとき、上り坂ではいつも時速3km、下り坂ではいつも時速5km、

第2章　文章題編

> 平地ではいつも時速3km、平地では一定の速さで歩きました。行きは1時間50分、帰りは2時間2分かかりました。A町からB町へ行くとき、下り坂は上り坂より何km長いですか。
>
> （大妻中）

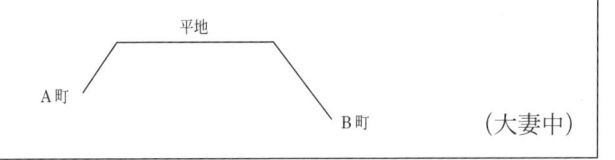

ここで注目したいのは、問題文につけられた簡単な図です。これは何を意味するのでしょうか。

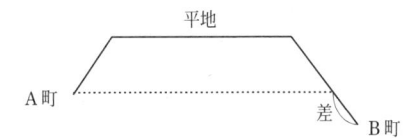

この図で差以外の部分は、行きも変りも同じなので、2時間2分－1時間50分＝12分の差は、ここで生まれたことになります。そこで、この部分だけを取り出してダイヤグラムを描きます。

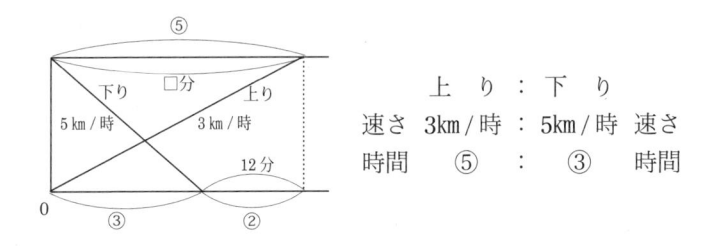

上　り　：　下　り
速さ　3km/時　：　5km/時　速さ
時間　　⑤　　：　　③　　時間

つまり、差の12分にあたるのは、⑤－③＝②になります。そこで、⑤：②＝□分：12分、□＝30分＝0.5時間、となります。結局、下り坂と上り坂の距離の差は、3×0.5＝1.5kmです。

※ 115 ※

2 面積図

―――― 問題27の解説 ――――

　この問題は、一見すると速さの問題に見えます。速さの公式の速さのところを1回こぐごとに進む距離として、時間の代わりにこぐ回数とし、1回あたり×こぐ回数＝距離、と考えてしまうかもしれません。

　しかし、そう考えると、下り坂のこぐ回数は0回なので下り坂を進む距離は0mとなってしまいます。「上り坂と下り坂の距離の比は3：2です」と書いてある以上、下り坂を進む距離が0mでないことは確かです。

　速さの公式は、単位時間あたりに進む距離を「速さ」と呼んでいます。1時間あたりに進む距離を「時速」、1分あたりに進む距離を「分速」、1秒あたりに進む距離を「秒速」としているのです。それに対し、まれに単位距離あたりの時間で考えることがあります。例えば、陸上競技や競泳などの大会は、一定の距離をどれだけ少ない時間でゴールできるかを競うように、1mあたりにかかる時間を考えるわけです。

　この問題では、1mあたり進むのにこぐ回数を考えます。

> 1mあたりこぐ回数×距離＝こぐ回数
> 　（たて）　　　　（横）　（面積）

　この問題を積の関係としてとらえると、ダイヤグラムではなく面積図で整理すればいいことに気が付きます。

第2章　文章題編

平地の1mあたりの回数　$1 \div 3 = \dfrac{1}{3}$ 回

上りの1mあたりの回数　$1 \div 2 = 0.5$ 回

上下の1mあたりの回数　$0.5 \times ③ \div (③+②) = 0.3$ 回

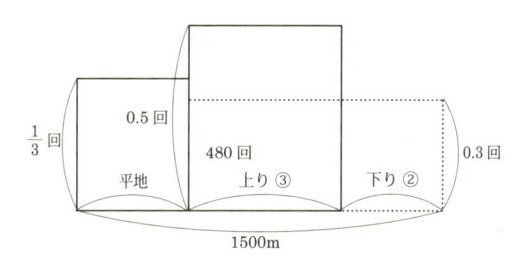

```
                      ┌──────────┐
              0.5回   │          │
         ┌────────────┤          │
  1/3回  │            │  480回   │   0.3回
         │   平地     │  上り③  │  下り②
         └────────────┴──────────┴────────┘
                      1500m
```

平均算を利用して、上りと下りの1mあたりにこぐ回数の平均を求めると、基本的なつるかめ算の問題になるので、あとは式だけでも求められるでしょう。

上りと下りの距離の合計は、$(1500 \times \dfrac{1}{3} - 480) \div (\dfrac{1}{3} - 0.3) = 600$ mです。そこで下りの距離は、上りと下りの距離の合計：下りの距離＝③＋②：②＝⑤：②＝600m：□m、□＝240mです。

■問題28　**面積図の問題点について**

> たまごを1個15円で仕入れました。店に運ぶとちゅうで18個がこわれましたが、残りを1個20円で売ったところ、2440円の利益がありました。仕入れたたまごは全部で何個ですか。
>
> (サレジオ学院中)

2　面積図

【解説 28】

差を表せる図

　面積図全体の説明で、**面積図は差を表すことができないという欠点がある**、と書きました。たとえば、問題 25 の面積図の等積移動した後のたてが同じだというような、特別な条件の時は別として、普通はあらわせませんし、場合によっては勘違いしてしまう原因にもなります。例えば、問題 28 は個数のある問題ですから、基本的には面積図を描くことが多いです。ただ、次のように間違えてしまう可能性があります。

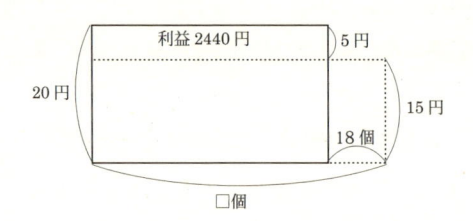

```
           利益 2440 円       5 円
     ┌─────────────────────┐
20 円│                     │ 15 円
     │                 18 個│
     └─────────────────────┘
              □個
```

　全部の利益が、2440 円で、1 個当たりの利益が、20 − 15 ＝ 5 円、なので、売った個数は、2440 ÷ 5 ＝ 488 個、仕入れた個数は、こわした個数をたして、488 ＋ 18 ＝ 506 個。

　どこが違うのか、どうしてこうなるのか、わかるでしょうか。

　利益を 2440 円と書き込んだところに、カン違いの原因があります。ここに書き込んではいけなかったのです。ではどうすればいいのでしょうか。ここで、総利益についての基本を確認しておきます。総利益には、次の 2 つのとらえ方があります。

> 総利益＝利益－損（利益＋利益）
> 　　　＝総売上－総原価

　ここでは、定価と値引きして売る売値の値段が2種類になる場合を例にして説明します。

　値引きをすることによって、原価より売値が下回った場合は、損が出ます。値引きしても原価より高ければ、定価で売るよりは減りますが、利益が出ます。なので、総利益は、利益－損と利益＋利益の2種類が考えられます。もちろん、売れ残りが出た場合など、3種類以上となる問題もあります。

　これに対して、単純に売り上げの合計から、仕入れ額の合計を引いたのが下の式です。売値がどうなっても関係ない点など、いい点もありますが、上の式に比べると、どうしても金額が多くなってしまいます。また、個数がわからない問題では、使えないのも、欠点といえるでしょう。

　あらためて面積図を描きなおしてみます。

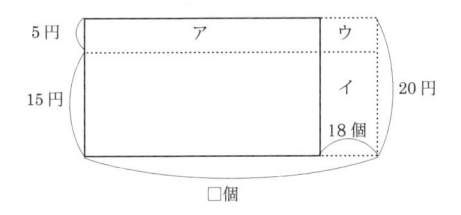

```
5円 ┌─────────ア──────┬──┐
    │                      │ウ│
15円│                      ├──┤ 20円
    │                      │イ│
    │                      │18個│
    └──────────────────────┴──┘
              □個
```

　この時、ア＝2440円ではなく、利益であるアから、損であるイを引いたのが総利益2440円になります。つまり、図に書き込むこ

とはできません。できるとしたら、図の外側に、アーイ＝ 2440 円とメモを取るくらいでしょう。これにウを補って等積変形すると、アウーイウ＝ 2440 円、イウ＝ 20 × 18 ＝ 360 円、アウ＝ 2440 ＋ 360 ＝ 2800 円となり、□個＝ 2800 ÷（20 − 15）＝ 560 個と求められますが、正確にいえばこれでは面積図で条件を整理したとはいえません。

――――――― 問題 28 の解説 ―――――――

例外をのぞいて、**差を表すことができる図は、線分図とグラフだけ**です。

ただし、この問題は、個数が条件の問題ですから、線分図はこの問題を整理するのに向いていません。残る図はグラフだけということになります。

ダイヤグラムの時間を個数として、距離を合計金額、速さを 1 個あたりにおきかえれば、旅人算と同じになります。

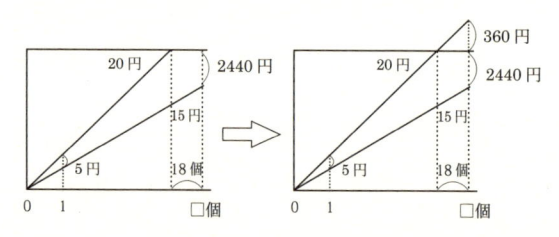

こうしてグラフにすれば、2440 円も書き込めますし、20 × 18 ＝ 360 円の意味もはっきりしてきます。360 円を補うことで、20 円と 15 円の個数をそろえたわけです。速さでいえば、同じ時間にしたことになります。1 個あたりの差が 20 − 15 ＝ 5 円は、速さでい

えば速さの差です。ですから、(2440 ＋ 360) ÷ (20 － 15) ＝ 560 個と求められるわけです。

　グラフは、線分図・面積図・表・グラフの4つの図の中で、一番複雑だといえます。**だからこそ、多くの練習は必要**です。逆に言えば、だからこそ複雑な問題を整理するのに向いているのです。つまり、**中学受験算数を解決する、大きなカギ**をにぎっています。そして、なるべく早い段階からグラフを利用するといいでしょう。

3 表

　表は、数字などを並べて、規則やルールを見つけ、それをもとに式を立てます。普通は、数字同士の間を分ける線を引きますが、引かなくても表と呼んでいいと思います。消去算の代入法で数字を並べて整理するのも表と同じだといっていいでしょうし、比例式も表と見てもいいかもしれません。

　表をよく使うのは、場合の数と数列の問題の時です。

　この他、○、×、△を使った表もあります。記号にとって大切なことは、単純で、しかも、記号どうしのちがいがはっきりしていることです。とくに、○、×は、正解なら○、不正解なら×という意味がはじめからあります。この他、○には、勝ち・白・表・蛇口が開いている・電気がついている・信号の色が青など、×は負け・黒・裏・蛇口が閉じている・電気が消えている・信号の色が赤などのイメージが、はじめからあります。また△は、引き分けや信号の色が黄などのイメージが、はじめからあります。そこで、なるべく多くの回数を練習しておいた方がいいわけです。

　100円玉2枚、50円玉3枚、10円玉3枚から、1枚以上使ってできる金額は、全部で何通りありますか。ただし、1枚も使わない硬貨があってもいいものとします。

（桐光学園中）

第2章　文章題編

　この問題も、表を描いて整理します。

　10円玉が4枚あるならば、最大の金額を出し、10で割ればいいのですが、この問題では、抜けがありますし、また、表を描く練習としても最適でしょう。表を描くときの基本は、大きいものの多いほうから調べる、ということです。そのほうが残りが小さく、調べやすいからです。

100円	2			
50円	3	2	……	0
10円	3 2 1 0	3 2 1 0	……	3 2 1 0

　表を全部書いては表を練習したことにはなりません。表とは、はじめにも書いたように、規則を発見するために描くので、規則が見つかったら、表を描くのをやめ、式を立てましょう。

　ただし、この問題を枚数別の表にすると、出てくる式と答えは $3 \times 4 \times 4 = 48$ 通りとなり、不正解になってしまいます。

　不正解の理由のひとつは、すべて0枚をいれていることですが、もう1つ調べまちがいをしています。それは、100円1枚と50円2枚が、同じ金額なのに、ちがうものになっていることです。ここでは、金額で調べていくと、うまくいきます。

組	①	②		⑧
100・50円	350	300	……	0
10円	30 20 10 0	30 20 10 0	……	30 20 10
合計金額	380 370 360 350	330 320 310 300	……	30 20 10
	4通り	4通り		3通り

　8組だけ3通りなので、$4 \times 8 - 1 = 31$ 通りと出せます。

123

3 表

■問題29 **平均算と表**

太郎君が国語、算数、理科、社会の試験を受けました。国語と算数の平均点は88点、社会と理科の平均点は80点、国語と理科の平均点は84.5点でした。試験はすべて100点満点です。このとき、次の問に答えなさい。

(1) 4教科の平均点は何点ですか。
(2) 算数と社会の平均点は何点ですか。
(3) 算数の得点は最も低くて何点ですか。

(森村学園中・改題)

【解説29】

基本と例外

平均算の中でも、面積図を利用しない例外はあります。

それは、○×表を使って整理する問題です。×は空白にしても同じですが、表全体の説明でも書いたように、○×(△)は、他の分野（たとえば、場合の数など）でも使うので、練習しておいた方がいいでしょう。

―――――― 問題 29 の解説 ――――――

この問題は、基本レベルですが、平均算といえば面積図を描けば解けると思い込むと苦戦するかもしれません。(1) は、○×表を描けば解決します。

国	算	理	社	合計
○	○	×	×	88 × 2 = 176 点
×	×	○	○	80 × 2 = 160 点
○	×	○	×	84.5 × 2 = 169 点
○	○	○	○	176 + 160 = 336 点

なので、合計点を4科目でわって平均を出します。336 ÷ 4 = 84 点です。ただし、この問題では、(1) の4科目の平均を出すのに、合計得点はいりません。単に国語と算数と理科と社会の平均を出せばいいので、(88 + 80) ÷ 2 = 84 点とやった方が早いでしょう。

(2) は、4科の合計から国語と理科の合計点を引き、算数と理科の2科目でわります。この他、国語と理科と4教科の平均の差を考えて、84.5 − 84 = 0.5 点を求め、これを利用して 84 − 0.5 = 83.5 点と求めてもいいかもしれません。

(3) は、国語の最高は満点なので、平均との差を求め、100 − 88 = 12 点、算数は、その分低くなったときが最も低いときですから、88 − 12 = 76 点と出せます。

3 表

■問題30　**ゲームをしよう**

　100円玉を投げて、着地したときに表の面が上に出たら○を、裏の面が出たら×を記録することにします。

　100円玉を6回投げて、その表裏に応じて○か×を、左から順に書きます。このとき、次の決まりにしたがって点数が得られます。

① 　○1つにつき、2点を得る。
② 　×1つにつき、1点を得る。
③ 　「×のすぐ右どなりに○がある」場所が1か所あるごとに、3点ずつ得る。

たとえば100円玉を6回投げて、順に表・裏・表・表・表・裏が出たら、○×○○○×の○×の配列ができます。このとき、○が4つ、×が2つあり、「×の右どなりに○がある」場所が1か所あるので、得点は $2 \times 4 + 1 \times 2 + 3 \times 1 = 13$
で、13点となります。

(1) 得点が15点になるようになる○×の配列は、全部で何通りありますか。

(2) 得点が11点になるようになる○×の配列を、すべて書きなさい。

（開成中・改題）

【解説30】

あるゲーム

「ハノイの塔」、というゲームがあります。

これは、3本の棒が立っていて、何枚かの大きさのちがう円盤があり、それをある棒から他の棒に移動させるというゲームです。ルールとしては、小さい円盤の上にそれより大きな円盤をのせてはいけない、というだけのシンプルなゲームです。そして、一番少ない移動回数を考えます。

答えの出し方も、それほど難しくはありません。円盤の数を□個だとすると、$2^□-1$ 通りで出てきます。

このゲームは、フランスの数学者エドゥアール・リュカという人が、1883年に発売したのが、はじめといわれています。

> インドのガンジス河の近く、ヴェラナシという町に、世界の中心となるお寺があって、天地創造のときにおかれた64枚の純金製の円盤がある。僧侶たちが、これを休みなく移動させている。この移動が終わったとき、世界は滅亡する。
> これを、ブラフマーの塔という。

……というウソの説明が、書かれていたそうです。

もし1枚を、1秒で瞬間移動させても、約5845億年かかり、もし、1枚に1分かけたら、その60倍だけ、時間はかかることになります。当分世界は破滅しなさそうなので、しばらくは安心のようです。

3　表

―――――― 問題 30 の解説 ――――――

　この問題、本来は、(1) は、「15 点になる配列を 1 つ書きなさい」というものです。ただ、せっかくなので、全部を書き出してみます。

　15 点になるのは、ボーナス・ポイントが 2 回あるときだけなので、☒○ を 2 つ並べ、その間に、点数が増えないようにして、○ と × を並べてみます。

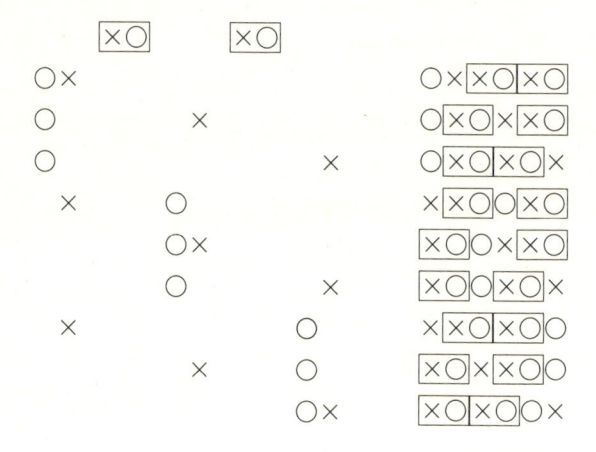

```
          ☒○        ☒○
○×                              ○× ☒○ ☒○
○                     ×         ○☒○☒○×
○                         ×     ○×☒○×☒
    ×        ○                  ×☒○○☒×
             ○×                 ☒○○×☒○
             ○        ×         ☒○○☒○×
    ×                 ○         ×☒○☒○○
             ×        ○         ☒○×☒○○
                      ○×        ☒○×○○×
```

　こうして調べてみると、残り 1 個の ○ を入れるところが 3 か所、× を入れるところも、やはり 3 か所です。だから、全部で 3 × 3 ＝ 9 通りということになります。

第2章　文章題編

さて、(2) ですが、これについても表を描いて整理します。

○	×	0	1	2	3
6	0	12			
5	1	11	14		
4	2	10	13	16	
3	3	9	12	15	18
2	4	8	11	14	
1	5	7	10		
0	6	6			

この表から、得点が 11 点になるのは○5回、×1回で3点の加点がないときと、○2回、×4回で加点が1回の時です。最初のパターンは、1通りです。あとのパターンは、加点1回を ×○ とセットにし、あとは加点しないように○を配置します。

5－1（0回）

　　　　　　　　　　　　○○○○○×

2－4（1回）

○　　　　　　×○

　×××　　　　　　　　　　　　　○×××× ×○
　××　　　　　　×　　　　　　　○×× ×○ ×
　×　　　　　　××　　　　　　　○× ×○ ××
　　　　　　　　×××　　　　　　○ ×○ ×××

　　　　　　×○　○

　×××　　　　　　　　　　　　　××× ×○ ○
　××　　　　　　×　　　　　　　×× ×○ ○×
　×　　　　　　××　　　　　　　× ×○ ○××
　　　　　　　　×××　　　　　　 ×○ ○×××

3 表

■問題31 お金の支払い方

十野くんは1円硬貨と5円硬貨と10円硬貨をそれぞれたくさん持っています。また、五十川くんは、1円硬貨と5円硬貨と10円硬貨と50円硬貨を、百山くんは1円硬貨と5円硬貨と10円硬貨と50円硬貨と100円硬貨を、たくさん持っています。

1円硬貨	0	0	5	10	0	5	10	15	20
5円硬貨	0	2	1	0	4	3	2	1	0
10円硬貨	2	1	1	1	0	0	0	0	0

たとえば、十野くんが20円を支払うとき、硬貨の組み合わせは上の9通りです。

このとき10円硬貨に着目すると、$1+3+5=9=3\times 3$ となっていることがわかります。

(1) 十野くんが70円を支払うとき、硬貨の組み合わせは何通りありますか。また、五十川くんが70円を支払うとき、硬貨の組み合わせは何通りありますか。

(2) 百山くんが170円を支払うとき、硬貨の組み合わせは何通りありますか。

(3) ある金額を百山くんが支払うとき、硬貨の組み合わせは875通りあります。その金額を五十川くんが支払うとき、硬貨の組み合わせは何通りありますか。また、そのような金額のうち、最も小さいものと最も大きいものを答えなさい。

(開成中)

---- 問題 31 の解説 ----

　ここでは平方数をつかえという指示が問題文中にありますので、それらを表にして (1) から (3) までを一気に整理します。○内数字は 50 円硬貨の枚数、□は 100 円硬貨の枚数をあらわします。

円	十野	五十川 ① ② ③	計	百山 □	□ ①
計					
10	4				
20	9				
30	16				
40	25				
50	36	1	37		
60	(1)の答	4	(1)の答		
70	<u>64</u>	9	<u>73</u>		
100	121	36　1	158	1	159
150	256	121　36　1		36　1	
160					(2)の答
170	324	169　64　9	566	64　9	<u>639</u>
180	(3)の答		(3)の答		
190	<u>190</u> 400	225　100　25	<u>750</u>	100　25	875
194	<u>194</u> 400	225　100　25	750	100　25	875
195					

3 表

少し大変ですが、平方数を少し省略しながら書き、その数を横にたし算を暗算して表に描けば、途中からは、機械的な作業になるはずです。

(1) の十野くんの70円の支払い方は、$8 \times 8 = 64$ 通りです。そのときの五十川くんの支払い方は、$8 \times 8 + 3 \times 3 = 64 + 9 = 73$ 通りになります。

(2) の百山くんの170円の支払い方は、表をもとに式を立てると、$18 \times 18 + 13 \times 13 + 8 \times 8 + 3 \times 3 + 8 \times 8 + 3 \times 3 = 324 + 169 + 64 + 9 + 64 + 9 = 639$ 通りです。

(3) の百山くんが875通りの支払いがあるのは、平方数の和を表によって調べると、$20 \times 20 + 15 \times 15 + 10 \times 10 + 5 \times 5 + 10 \times 10 + 5 \times 5 = 400 + 225 + 100 + 25 + 100 + 25 = 875$ 通りなので、そのときの五十川くんの支払い方は、$20 \times 20 + 15 \times 15 + 10 \times 10 + 5 \times 5 = 400 + 225 + 100 + 25 = 750$ 通りあります。

また、そのような金額のうち、最も小さいものと最も大きいものは、最小が190円です。最大は、それから増加する金額が5円未満の194円になります。

第2章　文章題編

■問題32　**整数の各位の操作**

ある数に対して、次のような操作を考えます。

> その数が、
> ア　1けたのとき、その数に同じ数をかける。
> イ　2けたのとき、（十の位の数）×（十の位の数）＋（一の位の数）×（一の位の数）を計算する。
> ウ　3けたのとき、（百の位の数）×（百の位の数）＋（十の位の数）×（十の位の数）＋（一の位の数）×（一の位の数）を計算する。

この操作を1回ごとにかぞえ、操作の結果求まった数に対して、この操作をくり返し行います。

たとえば、最初の数が5のときは、右のようになります。

```
最初の数     5
1回目の操作  5×5 ＝ 25
2回目の操作  2×2＋5×5 ＝ 29
3回目の操作  2×2＋9×9 ＝ 85
```

次の問いに答えなさい。

(1) 最初の数が4のとき、10回目の操作の結果求まる数は何ですか。

(2) 最初の数が3のとき、200回目の操作の結果求まる数は何ですか。

(3) 最初の数が2から9までのいずれかの数のとき、1回目から2002回目までの操作の結果に出てくる2002個の数の合計について考えます。この合計が最も小さくなるのは、最初の数がいくつのときですか。

（筑波大付属駒場中）

【解説32】

問題文にあるヒント

問題文に書いてあることをヒントにして、考える問題のパターンがあります。例えば、解説27で取り上げた大妻中の速さの問題の図もそうですし、問題31の開成中の表もそうです。少なくとも、そこの問題の作問者の意図を読み取ることができれば、突破口が見いだせるはずです。問題32の筑波大付属駒場中の問題では、なぜ、点線で囲まれた例があるのかを考えることが、(3)の作業を減らせるポイントになるでしょう。

―――――― 問題32の解説 ――――――

(1)

回	数	式
0	4	
1	16	4×4
2	37	$1 \times 1 + 6 \times 6$
3	58	$3 \times 3 + 7 \times 7$
4	89	$5 \times 5 + 8 \times 8$
5	145	$8 \times 8 + 9 \times 9$
6	42	$1 \times 1 + 4 \times 4 + 5 \times 5$
7	20	$4 \times 4 + 2 \times 2$
8	4	$2 \times 2 + 0 \times 0$

(2)

回	数	式
0	3	
1	9	3×3
2	81	9×9
3	65	$8 \times 8 + 1 \times 1$
4	61	$6 \times 6 + 5 \times 5$
5	37	$6 \times 6 + 1 \times 1$
⋮	⋮	⋮
12	16	(1)より

} 8回

(1) は、単にこの問題のルールになれるための練習問題に見えます。単に表を描けば解決すると思うかもしれません。たしかに、スタートの数字が 4 で、8 回目の操作でまた 4 が出てくるので、周期性はすぐに見つかり、$10 \div 8 = 1$ あまり 2 なので、10 回目の操作の結果は、37 だとわかります。

(2) は、同じように操作をくり返すと、5 回目の操作で (1) に出てくる 37 が登場するので、あとは省略してかまわないでしょう。$(200 - 4) \div 8 = 24$ あまり 4 です。ここでは、(2) では (1) と余りのルールが変わることに注意しましょう。37 があまりの 1 番目、16 があまりの 8 番目であるときのあまりの 4 番目ですから、200 回目の操作の結果は、145 になります。

さて、問題は (3) です。ただ最初が 4 と 3 以外の残りの 6 個 (2、5、6、7、8、9) を調べる、というのでは、少しもったいない気がします。

最初の数が 2 のときは $2 \times 2 = 4$、最初の数が 9 のときは $3 \times 3 = 9$ で、どちらも (1) (2) に出てくる数なので、調べる必要がないのはわかると思いますが、実は、もう 1 つだけ、ほぼ調べる必要がない数があります。

その数は、5 です。

というのも、問題文にある例を見ると、5 については、すでに 3 回目の操作までしてあります。次に 4 回目の操作をすると、$8 \times 8 + 5 \times 5 = 89$ となり、(1) に出てくる 4 からはじまる周期の中の数になり、これ以上調べなくてもいいことがわかります。

3 表

そこで、残りの6、7、8の3つの数だけを暗算で書き出すと、

6 → 36、45、41、17、50、25、……　　←5に登場
7 → 49、97、130、10、1、1、……
8 → 64、52、29、……
　　　　　　　←5に登場

となり、5番目から1が続く最初の数が7のときに、1〜2002回目の合計が最も小さくなるのは、計算しなくてもわかるでしょう。

4 グラフ

　速さの分野は、算数の各分野の中でも、条件が複雑なものが多いです。

　ただ、速さの応用問題の多くは、ダイヤグラムを描くことで、整理することができます。ただし、くり返しますが、**グラフは、線分図・面積図・表・グラフの４つの図の中でも最も練習量が必要です**。特殊算でグラフが描けるものは、なるべくグラフで整理したのも、このためですし、速さの問題を多く解けば、こうした特殊算にも、還元されます。さらに、差集め算や、つるかめ算で、グラフを利用するようになったのは、次の２つのタイプの速さの基本問題がきっかけでした。

　家から学校まで、時速 6km で歩くと予定より１分早く着き、時速 4km で歩くと予定より１分おそく着きます。家から学校までの道のりは何 m ですか

(中央大学付属中・改題)

　家から駅まで 1350m の道のりをはじめは分速 150m で走り、そのあと分速 60m で歩いたら、全部で 15 分かかりました。歩いた道のりは□ m です。

(和洋国府台女子中)

4　グラフ

　この問題は、どちらも速さの問題ですから、グラフを描く練習に使いたいところです。もしも、文章題で図を描いて解くならば、それぞれ差集め算とつるかめ算といわれ、当然、それぞれ線分図と面積図が選ばれるところです。

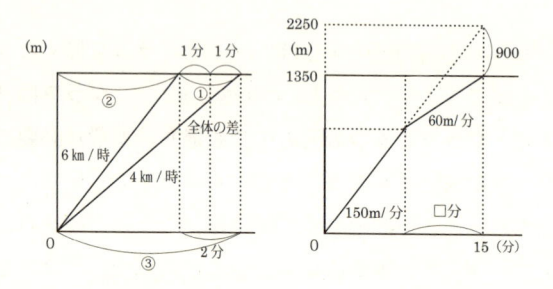

　差集め算でも解ける前の問題は、速さでは逆比を使うのが基本でしょう。速さ比の6km/時:4km/時＝3:2の逆比が時間比なので②:③、差である、③－②＝①が、1＋1＝2分にあたります。②:①＝□分:2分、□＝4分、です。6km/時は、6×1000÷60＝100 m/分、なので、家から学校までの道のりは、100×4＝400 mです。

　一方、つるかめ算でも解ける後の問題は、延長線の補助線を引いて、15分すべてを走らせると、歩いた時間の□分のところは、差集め算と同じになります。式自体は、つるかめ算と同じで、歩いた時間は、(150×15－1350)÷(150－60)＝10分なので、歩いた道のりは、60×10＝600 mと求められます。

方をして、余ったり座れなかったりするのは、問題36で取り上げた、長椅子問題にも見えてくるからです。

　しかし、この問題は差集め算ではなくつるかめ算です。

　差集め算は、多くの場合線分図で説明されることが多いと書いてきました。

　一方、つるかめ算は、多くの場合、面積図で説明されることが多いと書いてきました。でなければ、表です。

　となると、この問題が、少なくともつるかめ算と見抜けなければ、答えは出ない、ということになります。

　しかし、差集め算だろうが、つるかめ算だろうが、どちらでもきっちり対応できる図があります。それは、これまで見てきたように、グラフです。結果的に何算であっても、条件が整理できて、式が立ち、答えが出せればいいわけです。

―――― **問題 34 の解説** ――――

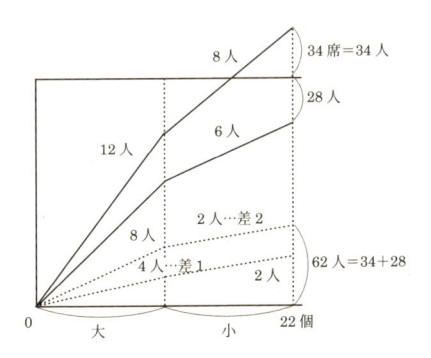

　大きいテーブルの差1をかめと考え、12－8＝4人、とします。小さいテーブルの差2をつると考え、8－6＝2人、とします。合

4 グラフ

計は全体の差である 34 + 28 = 62 人、個数を 22 個とすると、大きいテーブルは (62 − 2 × 22) ÷ (4 − 2) = 9 個となり、基本レベルのつるかめ算として解けます。前ページのグラフでは、差 2 の 2 人と平行な補助線を描き込みましたが、これは、「グラフ」全体の説明のつるかめ算で描いた延長線の補助線とともに、グラフの基本となる補助線です。

■問題 35　3種類のつるかめ算

> ツル、カメ、トンボの数を数えました。かりにツルの数をカメの数とし、カメの数をトンボの数とし、トンボの数をツルの数とすると、足の本数の合計は 200 本になります。一方、実際の足の本数も 200 本になります。実際のツルの数として、考えられるものをすべて答えなさい。ただし、ツル、カメ、トンボの数はすべて 1 以上とします。なお、ツル、カメ、トンボの足の数はそれぞれ 2 本、4 本、6 本です。
>
> (開成中)

【解説 35】

問題のある問題

この問題 35 はちょっと問題がある問題でした。

この問題の問題というのは、問題文の読み取り方、解釈の仕方によって、解答が 2 種類生み出されてしまうこと（実際、学校側が発表した解答も、2 種類が併記されていました）です。つまり、ツル

と入れ替えるのが、カメなのか、トンボなのか、どちらにも読めてしまう、というのが問題でした。

　答えが複数ある問題や、追加される問題は、時々あります。問題文があいまいなために起きることもありますし、場合によっては学校解答が明らかに間違っている場合もあります。

　ちなみに解説は、片方だけ（ツルはトンボと入れ替え、カメはツルと入れ替え、トンボはカメと入れ替える）を説明することにします。おそらく出題者も、こちらを想定していたのではないかと推測します。**その根拠は、数字上の美しさ**です。

一般的な説明

　この問題の一般的な説明が何なのかは、個人的にはよくわかりません。

　まず、面積図を描いてもほぼ意味はないはずです。というよりも、描こうとしてあきらめたか、あるいは、初めから描かなかった、という場合が多いかもしれません。ただし、この問題は、単純なつるかめ昆虫（トンボ）算にすぎません。

　もしもグラフを描かないとすると、何らかの方法で条件を絞ったあと、あとはひたすら書き出して1つ1つ調べる、ということが基本的な方針のようです。

　しかしそれでは、低学年の生徒がやっていることとあまり変わりません。どちらにしても、**それが算数の説明とはいえない**ことは、いうまでもありません。算数の解説とは、誰にでも理解できるものであり、図などで問題文の条件を分析をして、その結果として式が立ち、計算などによってしっかり処理し、正しい答えが出るものを

4 グラフ

指します。

―――――― 問題35の解説 ――――――

ここでもグラフを描きます。

何度も強調しますが、**練習すべき図は、なるべく多く、なるべく難しい問題を解ける方法を繰り返しやる**ことが大切です。簡単な問題しか整理できない図や、あまり出てこない問題を整理する図は、後回しにするべきです。

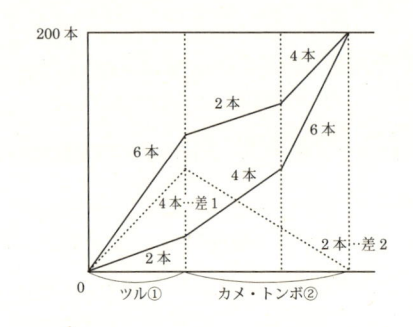

3種類のつるかめ算は、どうやって2種類のつるかめ算にしていくかがポイントになります。

ツルがトンボに変わると、足は6－2＝4本増えます。カメがツルに変わると、4－2＝2本足は減ります。トンボがカメに変わると、6－4＝2本足は減ります。とりあえずこれで、3種類あったツルカメトンボ算が、2種類に減ったことになります。あとは、一番極端なケースを考えていけばいいわけです。

4　グラフ

■問題36　長椅子問題

サッカー部の合宿で生徒をいくつかの部屋に一部屋4人ずつ入れると、各部屋ちょうど1人の空きもなく入りました。一部屋7人ずつにすると、使わない部屋が2部屋でき、最後の一部屋は4人未満となりました。
(1) 部屋は全部で何部屋ありますか。
(2) 生徒の人数は何人ですか。

(江戸川学園取手中)

【解説36】

差集め算の応用

差集め算の基本的な問題は、全体の差が問題のポイントですが、その程度のことはわざわざ図を描かなくても式は立つので、答えは出せます。

差集め算の応用は、この問題36のように長椅子問題（ここでは、長椅子ではなく部屋の数ですが、考え方は同じなので、代表して「長椅子問題」と呼んでおきます）あたりからでしょう。ここで、全体の差を整理することは、線分図では簡単ではありません。というのは、差集め算で線分図を描いた場合、全体の人数を表してはいますが、部屋の数を表してはいないからです。一部屋に4人ずつ入れた方が、一部屋に7人ずつ入れた場合よりも部屋の数が多いはずですが、線分図は同じ長さになっています。逆に、部屋の数をそろえる

ツルとトンボの差	6 − 2 = 4本	……差1
カメとツルの差	4 − 2 = 2本	……差2
トンボとカメの差	6 − 4 = 2本	……差2

差2と差2は同じ

```
              差1：差2
1個あたり    4本：2本
           ＝ 2：1
個数         ①：②
```

ツルが最小になるのは、ツルとトンボだけだった場合です。

つまり、ツルとトンボだけだと考えると、ツルが①、トンボが②の場合で、ツルの最小は、200 ÷ (2 × ① + 6 × ②) = $14\frac{2}{7}$ 羽より大の場合で、15羽以上です。

一方、ツルが最大になるのは、ツルとカメだけだった場合です。ツルとカメだけだと考えれば、ツルが①、カメが②となり、200 ÷ (2 × ① + 4 × ②) = 20羽未満、つまり、19羽です。

そこでツルの数は、この間になります。つまり15、16、17、18、19羽の全部で5通りが考えられます。

しっかり整理できれば、暗算に近い問題だと思います。

第 2 章　文章題編

■問題 33　マイナスのつるかめ算

> 春子と夏子がゲームをしています。1回ごとに、勝った人の持ち点には10点加え、負けた人の持ち点からは4点を引きます。
> 2人とも最初の持ち点が、190点でゲームを始め、18回ゲームをしたとき、春子が300点になりました。春子は何勝何敗ですか。(式と計算と答え)
>
> (雙葉中・改題)

【解説 33】

つるかめ算と図について

「面積図」全体の説明のところで、マイナスのつるかめ算については、すでに触れています。そこで、面積図で解くつるかめ算について書きました。そして、面積図と式がうまくつながっていないのではないか、と説明しました。普通のつるかめ算は、つるの合計とかめの合計の和が全体の合計となっているので、面積図で表すことができます。それに対してマイナスのつるかめ算は、面積の差を考える必要があるので、面積図は向いているとはいえないのです。

ここでは、あらためて「面積図」全体で説明した問題をグラフで説明しましょう。

> 50円切手と60円切手を合わせて48枚買いました。50円切手にはらったお金は60円切手にはらったお金より640円多くなりました。50円切手と60円切手はそれぞれ何枚買いましたか。
>
> (昭和女子大付属昭和中)

4　グラフ

ここでは、グラフを描いてみます。

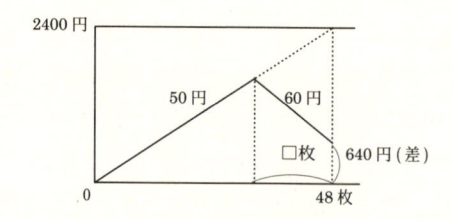

```
2400円
        50円 ╲   60円
              ╲
               □枚
                   640円(差)
 0              48枚
```

　もし、48枚全部50円切手を買ったら、50円切手と60円切手の合計金額の差は 50 × 48 = 2400 円になるはずです。ところが、実際の差は、640円だった。これは、50円切手の合計金額と60円切手の合計金額の差です。これをグラフに書き込めばいいわけです。そして2400円と640円の差は、旅人算でいえば逆方向に離れた距離です。50円切手を1枚60円切手に交換すると、差が 50 + 60 だけ縮まります。だから速さの和と同じように 50 + 60 でわることになるわけです。そこで、60円の切手を買った枚数は、(50 × 48 − 640) ÷ (50 + 60) = 16 枚、となり、50円切手は、48 − 16 = 32 枚になります。

---------------- 問題33の解説 ----------------

　つるかめ算は、一般的には面積図を描いて説明する、とくり返してきました。他には、表を描いて説明する場合もあるようです。
　グラフによる説明は、あまり普通ではないのかもしれません。そこで、問題33は、面積図、表、グラフの3種類の図を描いて比較してみたいと思います。

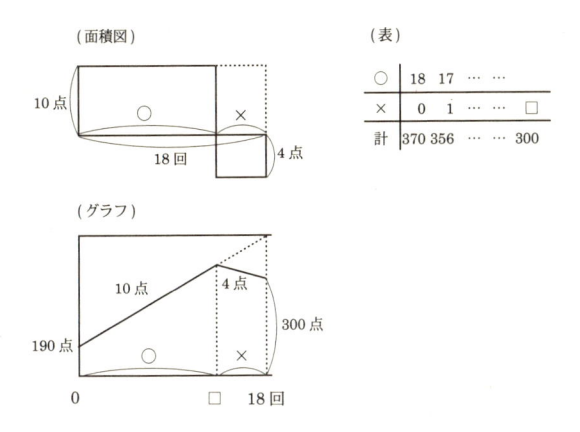

(面積図)

10点 ○ ×
18回 4点

(表)

○	18	17	…	
×	0	1	…	□
計	370	356	…	300

(グラフ)

10点　4点
190点　　　300点
○　　×
0　　□　18回

　こう比べると、面積図には、190点も300点も書き込む場所はありません。前に書いたように、図の外側にメモをとることはできますが、面積図だけで条件を整理できませんし、そこから式も生まれません。

　190点も300点も書き込む場所がないのは、表も同じです。10点、4点を書き込むことは可能ですが、ここでは省略しました。この程度の問題では、190＋10×18＝370点や10+4=14点、370－14＝356点などを暗算できるかもしれませんが、少なくとも、問題文の条件を表によって整理したわけではありません。頭の中で補って式を立てている点は、面積図と同じです。それらの数字を表にメモしているだけです。ここまでわかっているなら、表なしで式だけでも答えは出せるのではないでしょうか。

　それに比べて、グラフは、10点、4点、190点、300点、18回というすべての問題文中の数字を整理できますし、これから立てる式との関係もスムーズです。すべて勝ちだった場合、初めの190点に10×18点をたせばいいのですが、その点数と実際の点数300点との

4 グラフ

差は、旅人算の逆方向に離れるパターンの距離と同じです。なので、10 + 4 の和でわると、不正解の回数が求められるというわけです。

(190 + 10 × 18 − 300) ÷ (10 + 4) = 5 回が負けた回数です。だから勝った回数は、18 − 5 = 13 回となります。

繰り返しますが、条件を整理できない図、そこから答えを導き出す式が立たないものなど、図とは呼べません。

条件がうまくつかめない複雑な問題は、何かの図で条件を整理できなければ、式は立ちませんし、答えも出ないからです。

■問題34　差集め算とつるかめ算

> パーティ会場に丸テーブルが大小あわせて 22 個ある。大きいテーブルに 8 人ずつ、小さいテーブルに 6 人ずつ座ると 28 人が座れないので、大きいテーブルに 12 人ずつ、小さいテーブルに 8 人ずつ座ることにしたら、34 席余った。大きいテーブルは □ 個ある。
>
> （女子学院中）

【解説34】

〇〇に見える問題

一見、ある問題に見えて、実はそうではない、というものも、かなりやっかいなタイプなのでは、ないでしょうか。

問題 34 は、差集め算に見えるかもしれません。2 種類の座らせ

第 2 章　文章題編

と、7人ずつの線分図の方が、4人ずつの線分図よりも、同じ部屋数なのに長くなります。

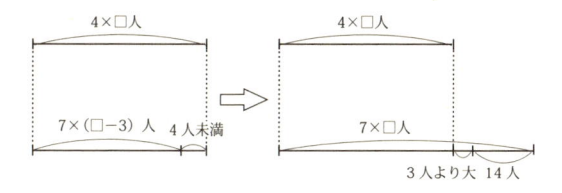

―――――― 問題 36 の解説 ――――――

これに対して、部屋の数も正確に表すには、グラフを描くしかありません。たてを人数に、横を部屋の数にすれば、どちらも表すことができるわけです。

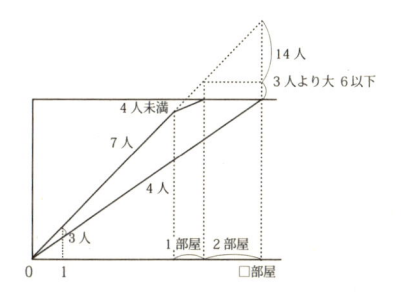

こうすると、1部屋当たりの差が、7－4＝3人となり、全体の差は、7－3＋7×2＝18人以上、7－1＋7×2＝20人以下で、1部屋当たりの差から、3の倍数と分かるので、全体の差は18人と分かります。そこで、部屋の数は、18÷3＝6部屋と分かります。また、生徒の数は、4×6＝24人です。

　基本的に、**差集め算は同方向に離れる旅人算**です。

4 グラフ

■問題37 **年令算**

> 山田さん夫妻の年令の和は、現在、孫たちの年令の和の6倍に等しく、8年後は2倍に等しくなり、25年後にはちょうど同じになります。孫の人数は何人ですか。また、現在の夫婦の年令の和はいくつですか。
>
> （東洋英和中）

【解説37】

年令算の基本

年令算の基本は、差が一定の倍数算です。だから、描く図は差が一定の線分図です。

人数が同じではない年令算は、倍数変化算になります。これも線分図を描き、差が一定のタイプに変化させます。

> 母親と2人の娘がいます。現在母親の年令は、姉と妹の和の5倍ですが、いまから6年後には、姉と妹の年令の和の2倍になります。来年には、姉の年令が妹の年令の3倍になります。現在の姉の年令はいくつですか。
>
> （頌栄女子学院中）

この年令算は、倍数変化算ですが、現在の姉の年令を求めるので、現在の○の比ではなく、□の比である6年後の2倍でそろえます。

このとき、片方しか変化させないときは、問題16のように線分図を右で変化させるのではなく、下で変化させるほうが、作業は少なくてすみます。

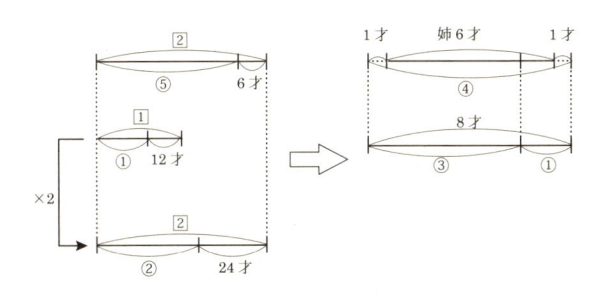

①×2＝②、姉妹6才の2人分も2倍して、6×2×2＝24才としてそれぞれの差を考えると、⑤−②＝③にあたるのが、24−6＝18才です。そこで、③：①＝18才：□才、□＝6才、と現在の姉妹の和がわかります。

そこで、次に姉と妹の和の線分図を描くと、1＋6＋1＝8才にあたる比が、③＋①＝④になります。来年の姉の年令が、④：③＝8才：□才、□＝6才なので、現在の姉の年令は、6−1＝5才と出すことができます。

———————— 問題37の解説 ————————

これに対して、問題37は現在と8年ごと25年後の3つの年があるので、グラフで整理します。線分図を描こうとすると、1つの線分図に3つの比を書き込むことになり、整理することは難しいでしょう。

4 グラフ

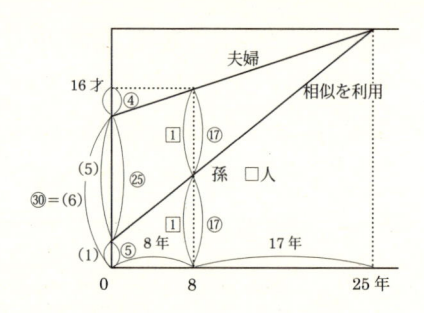

現在夫妻は孫の6倍なので、比に直すと(6):(1)です。差は(6)-(1)=(5)になります。8年後夫妻は孫の2倍なので、比に直すと2:1です。差は2-1=1になります。これ加えてに三角形の相似比を利用すると、高さ比が25年:25-8年=25年:17年となり、底辺比も㉕:⑰になります。これをそろえると、

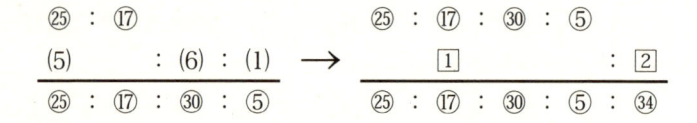

```
  ㉕ : ⑰                        ㉕ : ⑰ : ㉚ : ⑤
  (5)       : (6) : (1)   →       1          :  2
  ㉕ : ⑰ : ㉚ : ⑤              ㉕ : ⑰ : ㉚ : ⑤ : ㉞
```

夫妻の現在の年令の比は㉚で、2人の年令は8年間で8×2=16才増えます。その比は㉞-㉚=④になるので、現在の夫妻の年令の和は、㉚:④=□才:16才、□=120才です。

孫が8年間で増えた年令の比は、⑰-⑤=⑫なので、⑫:④=3:1=□才:16才、□=48才なので、孫の人数は、48÷8=6人です。

■問題38　文章題と数の性質

　生徒40人のクラスで希望者に花の種をみな同数になるように配ることにしました。はじめ、希望者に配ったところ種は全部なくなりました。ところが、あとで希望者が3人増えたので配り直したところ、種は18粒余り、あと1粒ずつは配れませんでした。このとき先生は、「あと3人分はないけれども2人分はあるぞ」と言いました。
　はじめの希望者は何人だったでしょうか。

（武蔵中）

【解説38】

文章題と数の性質

　この問題も差集め算に見えます。なので、1人あたりの種の数を□粒とし、配った人数を○人とし、そのかけた結果の配った種の数を△粒として、線分図を描くと、次のようになります。

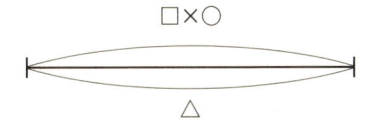

$$□×○$$
$$△$$

つまり、さっぱりわからないわけです。

実は、この問題は、差集め算ではありません。なので、グラフを

4　グラフ

描いても解決はしませんが、線分図よりは条件整理ができるので、解説にはつけておきます。

文章題に見えて、条件が不足しているように感じる問題には、整数の性質という要素が含まれている場合があります。もちろん、人数などの答えが整数になる場合に限ります。

―――――― 問題 38 の解説 ――――――

そこで、とりあえずグラフを描いてみます。

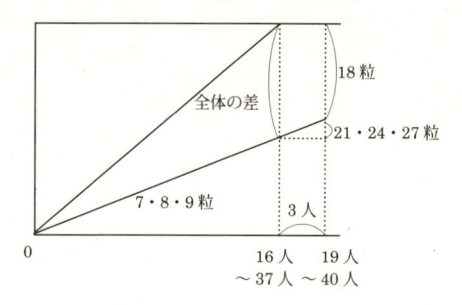

クラス全体の人数が、40人で、3人希望者が増えたのですから、はじめに配った人数は、最大で 40 − 3 = 37 人以下であることはわかります。次に、配り直したときの余りが、18粒であることから、配り直したときの人数は、最小でも 18 + 1 = 19 人以上ということがわかります。またこのことから、はじめに配った人数は、最小で 19 − 3 = 16 人以上であることがわかります。つまり、はじめに配った人数は、16人以上37人以下という実にザックリとした範囲の人数の間だということまでは、わかりました。

次に、配り直したときに余った18粒が、「あと3人分はないけれ

154

第2章　文章題編

ども2人分はあるぞ」ということから、1人あたりに配る種は、18÷3＝6粒より多く、18÷2＝9粒以下の、7・8・9粒の3つにしぼられます。そこで、全体の差は、7×3＋18＝39粒、8×3＋18＝42粒、9×3＋18＝45粒のどれかだということになります。1人あたりの差×人数＝全体の差なので、はじめに配った人数も1人あたりの粒の数の差も、全体の差の約数です。そこで、この3つの約数を調べてみます。

$$
\begin{array}{lll}
39 = 1 \times 39 & 42 = 1 \times 42 & 45 = 1 \times 45 \\
 = 3 \times 13 & = 2 \times ㉑ & = 3 \times 15 \\
 & = 3 \times 14 & = 5 \times 9 \\
 & = 6 \times 7 &
\end{array}
$$

→ 1, 3, 13, 39　　　→ 1, 2, 3, 6, 7, 14, ㉑, 42　　　→ 1, 3, 5, 9, 15, 45

39、42、45の3つの整数の約数のうち、16から37の間の数は、42の約数の21しかなく、はじめに配った人数は、21人だとわかります。

4 グラフ

■問題39 **ニュートン算①**

　一定の割合で水がわき出る池があります。この池の水をポンプをつかって毎分 60 L の割合で排水すると 1 時間 45 分で水はすべてなくなり、毎分 72 L で排水すると 1 時間 15 分で水はすべてなくなります。次の各問いに答えなさい。(式・考え方も書くこと)
　(1) はじめに池には何 L の水がありましたか。
　(2) 毎分 80 L の割合で排水すると、何時間何分で水はなくなりますか。

(西武文理中)

　ある遊園地では、開園前に、すでに 576 人が改札口に並んでいました。開園後、改札口には、毎分、同じ数の人が同じ間隔でやってきて列に並ぶものとします。
　改札口が 1 つだけのときは、開園からちょうど 96 分で列がなくなりました。また、改札口が 2 つのときには、開園からちょうど 16 分で列がなくなります。改札口が 4 つのとき、開園後何分何秒で列はなくなりますか。

(筑波大学附属中)

【解説39】

ニュートン算入門

ニュートン算と呼ばれる特殊算があります。

苦手だという人も多いようです。個人的には、ニュートン算などと名前を付けるから、なにか特別な解き方があって、それをマスターすればすぐに解けるようになると勘違いしてしまうのではないかと思っています。

ニュートン算のパターンとしては、

> ① えさの問題
> ② 行列の問題
> ③ わき水の問題
> ④ おこづかいの問題

この4つのパターンが基本です。

ニュートン算の特徴は、一定の量と増加する量と減少する量の3種類の量があることです。多くの場合、図は線分図で説明されているようです。図なしで式だけで説明する場合もあるようです。

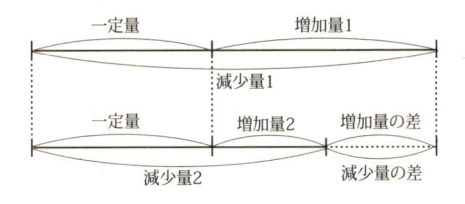

4　グラフ

　たとえると、線分図が静止画とすれば、グラフは動画です。静止画は細かいところを見ることができますが、連続的な動きを表すことはできません。表そうとすると、線分図をコマ送りのように、何本も描かなければなりません。

　ニュートン算の一番の特徴は、どのパターンでも時間の条件があることです。つまり、やはりグラフでしか、正確には整理できません。基本形は次のような、3人の旅人算です。

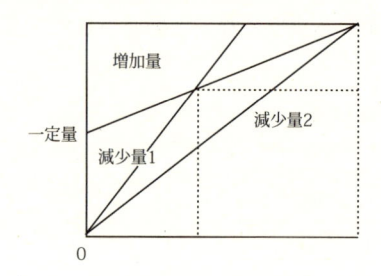

―――― 問題 39 の解説 ――――

　問題 39 では、基本パターン4種類のうち、わき水のパターンと、行列のパターンを説明しておきます。

　まずは、わき水のパターンから。

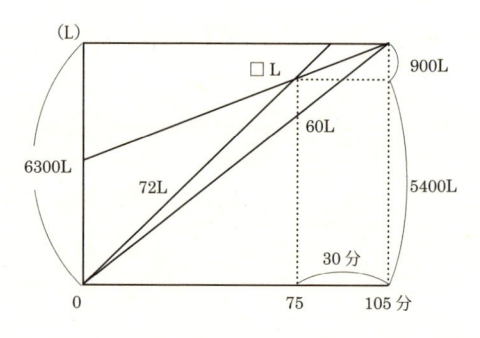

まず、1分間にわき出る量を求めます。

1時間45分＝105分、1時間15分＝75分なので、105－75＝30分の間に排水した水の量を考えると、1分間にわき出る水の量がわかります。(60×105－72×75)÷30＝30Lで、あとは毎分60Lか毎分72Lのどちらかの排水する水と、いま求めた毎分30Lのわき出る水の量の差を利用して初めの池の水の量が求められます。この場合は、60Lの方がすこしだけ楽です。(60－30)×105＝3150Lです。

(2)はもう、楽勝でしょう。(1)で求めた初めの池の水 3150Lを、80Lと30Lの旅人算として考え、3150÷(80－30)＝63分＝1時間3分、と求められます。

次は、行列のパターンです。

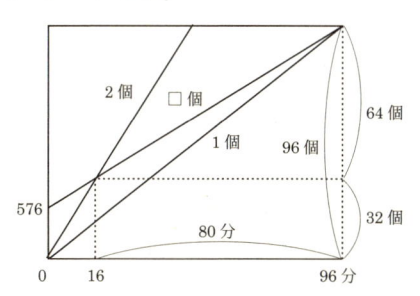

この問題でも、1分間で行列に並ぶ人数を考えます。

改札口を通過する人数を1個分に対して、行列に並ぶ人数を□個分とすると、(1個×96分－2個×16分)÷(96分－16分)＝0.8個になります。つまり、行列する人は改札0.8個分となります。あとは、576人を使って、改札口1個分の実際の人数を求めてもいいですが、ここでは速さの差の比を求め、その逆比が時間比になる

こと利用します。改札1個と4個で速さの差の比を比べると、1 − 0.8 : 4 − 0.8 = 1 : 16 となり、時間比は逆比なので、16 : 1 = 96分 : □分、□分 = 6分、と出せます。

ただ、この問題では、公式で出す方がわかりやすいかもしれません。そこで、速さの線分図を描いて確認しておきます。

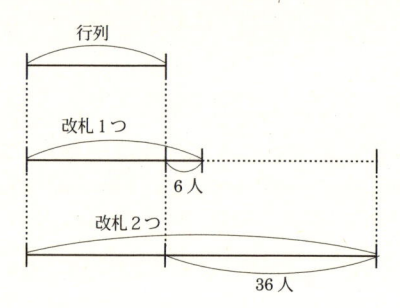

改札1つと行列の分速の差は、576 ÷ 96 = 6人で、改札2つと行列の分速の差は、576 ÷ 16 = 36人なので、改札1つの分速は、(36 − 6) ÷ (2 − 1) = 30人です。

そこで、行列の分速は、30 − 6 = 24人となります。結局、改札4つのとき、行列がなくなるのは、576 ÷ (30 × 4 − 24) = 6分と出せます。

速さの線分図については、次の解説40でも触れます。

■問題40 ニュートン算②

　ある公園では、昼も夜も常に一定の割合で伸びている草を、午前中にかり始めて、ちょうど草がなくなったときに、かり終えることにしています。

　毎日午前8時にかり始めて、ちょうど午後4時にかり終える、ということをくり返していましたが、日曜日の朝、都合で草かりを始める時刻が遅れてしまい、午前10時20分に草かりを始めました。翌日の月曜日も、草かりを始める時刻は午前8時より遅くなりましたが、この日はいつも通りちょうど午後4時にかり終えることができました。(式または考え方を書くこと。)

(1) 日曜日は、午後何時何分にかり終わりましたか。
(2) 月曜日は、午前何時何分にかり始めましたか。

(開智中)

【解説40】

ニュートン算に見える問題

　問題39の行列の問題は、ニュートン算としても、速さの差の問題としても考えることはできました。それに対して、一見すると、ニュートン算に見えて、実は速さの差でしか解けない問題もあります。

　1本の給水管で水を入れ、4本の同じ排水管で水をぬくことのできる、3000Lの水の入るプールがあります。給水管から

4 グラフ

> 毎分同じ割合で水を入れ、排水管から毎分同じ割合で水をぬきます。今、プールに2100Lの水が入っている状態で、給水管と排水管1本を開くと1時間30分で満水になり、給水管と排水管2本を開くと3時間で満水になります。このとき、次の問いに答えなさい。
>
> (1) 1本の排水管から毎分何Lの水をぬくことができますか。なお、答えの求め方も説明しなさい。
> (2) 給水管から毎分何Lの水が入りますか。
>
> (頌栄女子学院中)

初めに書いたように、この問題では、グラフではなく、速さの線分図を描きます。どんな図を描くかは、その問題の条件の中で、一番解決しなければならないものが、何であるかで決まります。この問題では、速さの関係が一番重要なポイントなので、グラフでは解決しません。

まず、排水管1本と給水管の分速の差は、1時間30分＝90分、(3000 − 2100) ÷ 90 ＝ 10 L、排水管2本と給水管の分速の差は、3時間＝ 180分、(3000 − 2100) ÷ 180 ＝ 5 Lです。

```
              給水管
 |─────────────────────────|
 |__|                      
 排水管1本      10 L
 
 |─────────────|           
  排水管2本       5 L
```

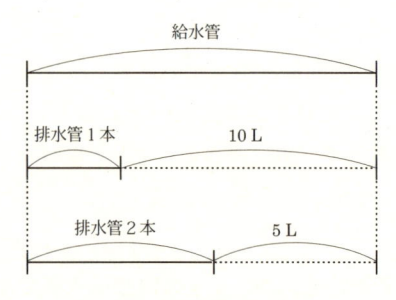

そこで、排水管1本で毎分抜く水は、(10 − 5) ÷ (2 − 1) ＝ 5 Lで、

第 2 章 文章題編

給水管から毎分入る水は、5 + 10 = 15 L になります。

———————— 問題 40 の解説 ————————

ニュートン算も、条件が増えれば、工夫が必要になってきます。このグラフは、3 日間にわたる、**長大な横長のグラフ**になります。

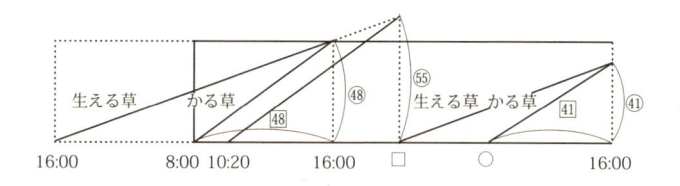

[図：生える草・かる草のグラフ、16:00、8:00、10:20、16:00、□、○、16:00、㊽、㊺、㊽、㊺、㊶、㊶の記載]

このようにグラフで整理しながら、相似と比を利用すれば、比較的簡単に答えは求められます。**グラフの利用の最大のポイントは、グラフのたてか横あるいは両方に必要な比を書き込むことと、平面図形の性質を利用すること**にあります。

このグラフで、16：00 からのびているゆるやかな直線が、生えている草の動きです。□からのびているこれと平行な直線も同じです。一方、8：00 からのびている急な傾きの直線は、かる草の動きで、10：20 と○からのびているこれと平行な直線も同じです。

まず、(1) ですが、午後 4 時から翌日の午前 8 時までは、24 時 − 16 時 + 8 時間 = 16 時間 = 960 分で、午後 4 時から翌日の午前 10 時 20 分までは、24 − 16 + 10 時間 20 分 = 18 時間 20 分 = 1100 分です。この時の相似比は、底辺にあたる時間比で、960：1100 = 48：55 となりますが、これがそのまま相似な直角三角形の相似比

163

4　グラフ

になっています。これを利用して、午前8時から午後4時までの相似比48と午前10時20分から午後□時までの相似比55で求めます。午前8時から午後4時までは、16時－8時＝8時間＝480分ですから、48：55＝480分：□分、□＝550分＝9時間10分なので、日曜日にかり終わった時刻は、午前10時20分＋9時間10分＝午後7時30分、になります。

(2)でも、相似を利用して解きます。

午後4時から翌日の午後4時まではいうまでもなく24時間です。それに対して、(1)で求めた午後7時30分から翌日の午後4時は12時－7時30分＋16時間＝20時間30分＝20.5時間です。この時間比を底辺の比として、24：20.5＝48：41となり、これを再び直角三角形同士の相似比として時間を求めれば、48：41＝8時間：□時間、□＝$6\frac{5}{6}$時間＝6時間50分と出るので、これを午後4時＝16時からひくと、16時－6時間50分＝午前9時10分と出せます。

■問題41　ニュートン算③

ある学校では、文化祭を2日間行いました。2日とも、入場開始前の受付に長い列ができていて、入場開始後は5分ごとに100人の入場希望者が列に加わっていきました。

1日目は受付の数を7ヶ所にしたところ、入場開始から45分後に列に並んでいる人は10人になりました。

2日目は入場開始前の列が1日目よりも25人多かったので、受付の数を8ヶ所にしたところ、入場開始からちょうど20分

で列に並んでいる人がいなくなりました。

　どの受付場所でも、5分ごとに受付できる人数は同じです。

このとき、次の問いに答えなさい。考え方も書くこと。

(1) 1ヶ所の受付場所で、5分ごとに何人の受付ができましたか。

(2) 2日目の入場開始前に列に並んでいた人は何人ですか。

(桜蔭中)

【解説41】

―――― 問題41の解説 ――――

今度は、**たてに長いタイプのグラフ**を紹介しましょう。

　問題41は、問題39の普通のグラフ、問題40で描いた横長の長方形を描いてもうまくいきません。というのは、行列に並ぶ人数と、1分間に7ヶ所で受け付ける人数の差が、結果的にはあまりないために、たて長のグラフを描く必要があるのです。ただ、この問題文を読んで、すぐにたて長のグラフを予測することは難しいと思います。

　なので、普通のグラフを描いてから、どうすればうまく整理できるかを考え、何度か描き直すといいでしょう。

4　グラフ

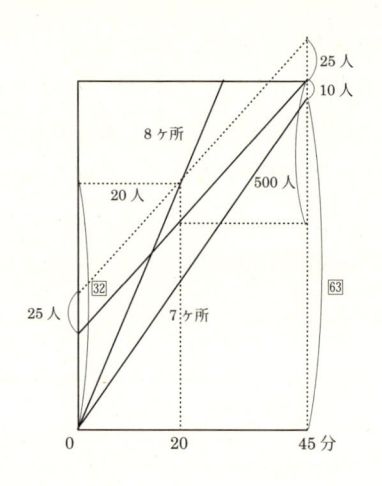

　行列に並ぶ分速は、100 ÷ 5 = 20 人です。

　ということは、20 分後から 45 分後までの間に 20 × (45 − 20) = 500 人が並んだことになります。あとは、1 日目の 7 ヶ所 45 分と 2 日目の 20 分の受付を通過した人数の比を考えると、7 × 45 : 8 × 20 = 63 : 32、になるので、その差の比、63 − 32 = 31 にあたる人数を、このグラフを参考にして求めると、500 − 10 − 25 = 465 人なります。あとは、1 日目か 2 日目の受付の人数を出すことにします。ここでは、2 日目を出してみます。32 : 31 = □人 : 465 人、□ = 480 人です。そこで、まず 1 ヶ所 1 分の人数を出すと、480 ÷ 20 ÷ 8 = 3 人なので、5 分では、3 × 5 = 15 人です。

　(2) の 2 日目の入場開始前に列に並んでいた人は、(1) で出した 1 ヶ所 1 分の人数である 3 人を利用すれば、次の式で出せるでしょう。2 日目の行列の人数は、(3 × 8 − 20) × 20 = 80 人です。

■問題42 **グラフを読み取る**

> 2km離れているP地点とQ地点があります。バスは、P→Q→P→Q→Pと2往復し、自転車は、P→Q→Pと1往復します。次のグラフは、バスと自転車が、P地点から出発してからの様子を表わしたものです。
>
> バスの速さを1とすると、自転車の速さはいくつになりますか。ただし、バスと自転車は、それぞれ一定の速さで進むものとします。
>
> （筑波大学附属中）

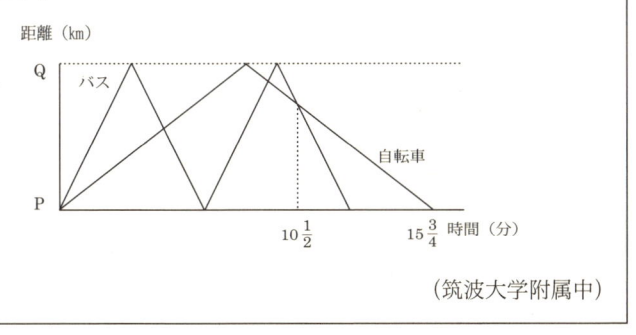

【解説42】

グラフを読み取る

　平面図形などもそうですが、グラフが条件で与えられているものには1つの共通するポイントがあります。ちょっと見るだけでは、条件も少なく、線もあまりないので、それほど複雑ではない問題の中で、意外と難しい場合がある、ということです。問題39は時間

4 グラフ

の条件が2つあるだけで、特に難しいとは感じないかもしれません。もちろん、この程度の問題なら余裕で解ける人はともかく、少しでも迷う場合は、平面図形と同じように、後回しにしてもいいかもしれません。

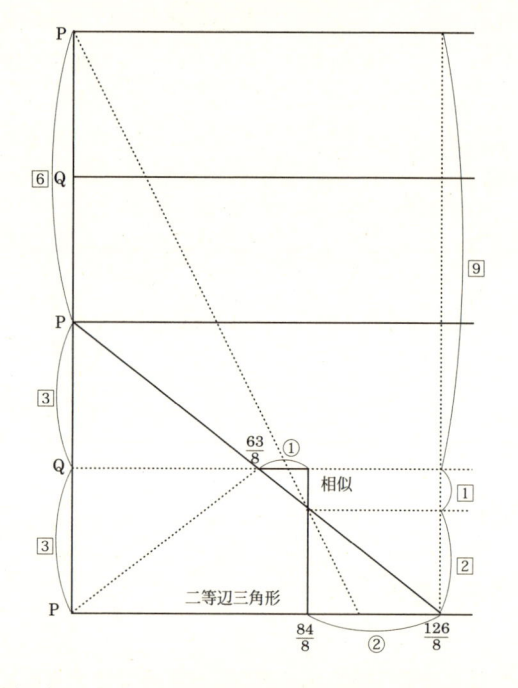

───────── 問題42の解説 ─────────

この問題を解くカギも、平面図形の性質と比の利用です。具体的には、相似に加え二等辺三角形の性質も使います。また、問題37などとは違い、$10\frac{1}{2}$ 分から上にのびる点線をさらに延長して、相似

第2章　文章題編

を自分で作らなければならないところも厳しいところです。また、図のいらない部分は点線にするか全く描かないというのも、図をすっきり見やすくするコツです。

　また、**折り返しのグラフの工夫としては、折り返さずにまっすぐ伸ばす**、というものもあります。

　二等辺三角形の性質は、二等辺にはさまれた頂点から底辺に垂直な線を下すと、底辺を2等分するということですが、速さで考えても、往復の時間の半分が片道の時間であることは、常識的に考えれば当たり前のことです。そこで、自転車の往復の時間の $15\frac{3}{4}$ 分の半分、$15\frac{3}{4} \div 2 = \frac{63}{8}$ 分、が片道の時間です。$10\frac{1}{2} = \frac{84}{8}$ 分と通分しておいてから、相似な直角三角形の底辺になる時間比を利用して相似比を求めます。
$\frac{84}{8} - \frac{63}{8} : \frac{126}{8} - \frac{84}{8} = \frac{21}{8} : \frac{42}{8} =$ ①：②が直角三角形の相似比です。

　この相似比をそのまま距離の比に使うと、高さ比が1：2で、ＰＱ間は1＋2＝3、自転車とバスの速さ比は、バスが自転車を追い越すまでの距離の比と同じになるので、自転車の速さ：バスの速さ＝3＋1：3×3＋1＝2：5で、バスの速さを1とすると、自転車の速さは $2 \div 5 = \frac{2}{5}$ になります。

4 グラフ

■問題43 **間の距離のグラフ**

　高速道路上を2台の車、P、Qが走っていて、QがPを後ろから追いかけています。QにはPとの距離を測定する機械がついていて、QがA地点を通過したとき、2台の車の距離は600mでした。

　A地点とB地点の途中のC地点とD地点の間は、工事区間のため、2台ともそれ以外の区間の　ア　倍の速さで走行します。QはA地点を通過してから、ちょうど2分後にB地点を通過しました。

　図2は、QがA地点を通過してからB地点を通過するまでの2台の車の距離と時間の関係をあらわしたグラフです。このとき、次の問いに答えなさい。

　ただし、A地点とB地点の間の道路は直線であり、2台の車はC地点とD地点を通過するとき以外は、速さを変えないものとします。また、車の大きさは考えないものとします。

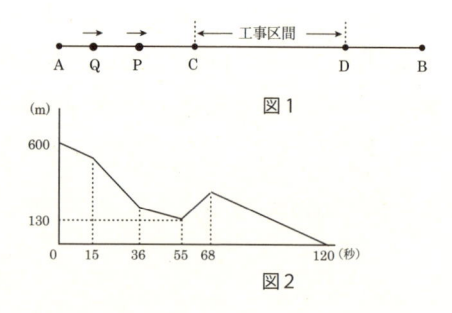

図1

図2

(1) Qが工事区間を通過するのに何秒かかりましたか。

(2) 工事区間を走ったときのPとQの速さの比を最も簡単な整数の比で答えなさい。
(3) Qが工事区間以外を走ったときの速さは毎秒何mですか。
(4) ア にあてはまる数を求めなさい。

(聖光学院中)

【解説43】

基本に直す

グラフの読み取りといえば、2点間の距離のグラフも、注意が必要かもしれません。

基本に直す、というのは、**速さでいえば2点間の距離のグラフをダイヤグラムにする**、ということです。ただ、この問題はそれなりに複雑なものになるので、(1)(2)のように、全体を整理するものと、(3)(4)のように、**重要な部分を抜き取って、拡大する**、のもいいと思います。そうすることで、見やすく数字も書き込みやすくなります。また、無駄な部分を省略するおかげで、すっきりし、描く時間も減らせます。

ダイヤグラムに限らず、必要なところは強調し、いらないところは省略するのが、図を描く上で大切なことは、当たり前のことでしょう。

――――― 問題43の解説 ―――――

そこで、ダイヤグラムを3個描いてみます。

4 グラフ

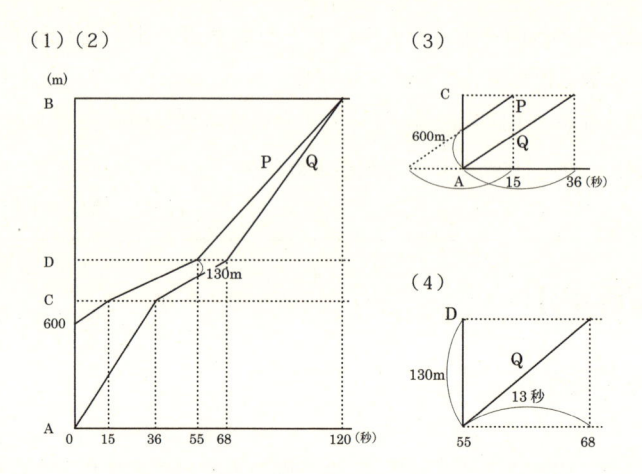

(1)(2)

(m)
B
　　　　　　　　　　P　Q
D
　　　　130m
C
600

A
0　15　36　55　68　　　120(秒)

(3)
C
　　　　P
600m
　　　　Q
A　　15　　36(秒)

(4)
D
　　Q
130m
　　　　13秒
55　　　　68

　このように普通のダイヤグラムに直すと、(1) の Q が工事区間を通過するには見ての通り、68 − 36 = 32 秒だと分かります。

　同じく P が工事区間を通過するのは、55 − 15 = 40 秒ですから、工事区間の P の時間の比と Q の時間の比は、40:32 = 5:4 なので、(2) の工事区間の P の速さの比と Q の速さの比は、逆比の 4:5 です。

　これに対して (3) は、拡大したうえで点線の延長線を引きます。CD 間は P も Q も速さが ア 倍なので、AC 間も、P の速さ比と Q の速さ比は (2) の CD 間と同じく 4:5 です。そこで、AC 間の P の時間比と Q の時間比は逆比の 5:4 = □秒:36 秒、□ = 45 秒です。つまり、P が 600 m を走る時間は、45 − 15 = 30 秒となり、P の AC 間の速さは、600 ÷ 30 = 秒速 20 m、Q の AC 間の速さは、4:5 = 秒速 20 m:秒速□m、□ = 秒速 25 m です。

　(4) は 55 秒後と 68 秒後の状態をダイヤグラムから考えます。

　55 秒後は、P が D に着いた時間で、P と Q の間は 130 m 離れています。それはつまり、55 秒後に Q は D まで 130 m の地点にいる

ことを意味しています。

68秒後は、QがDに着いた時間です。ということは、Qは130 mを 68 − 55 ＝ 13秒かかった、ということになります。

そこで工事区間のQの速さは、130 ÷ 13 ＝秒速10 mです。

なので、 ア 倍は、10 ÷ 25 ＝ 0.4倍と求められます。

■問題44　通過算とグラフ

> 東西にまっすぐ続く線路とそれに平行な道があります。この道をA、B 2人が、Aは東から西へ、Bは西から東へと同じ速さで歩いています。東から西へ向かって進む列車がAに追いついて追いこすまでに20秒かかりました。追いこしてから5分後に列車はBと出会い18秒後にはなれました。列車とBがはなれてから、A、B2人が出会うまでに何分何秒かかりますか。ただし、人も列車も一定の速さで進むものとします。
>
> （甲陽学院中）

【解説44】

通過算と例外

問題18で書いたように、**通過算の基本は、距離と時間の線分図を描くことです**。しかし、時間の条件が重要で、**違う速さが出てくるものなどは、ダイヤグラムで整理する必要があります**。

このとき、列車の先頭車両と最後尾の車両は平行線になります。不要ならばどちらかは省略し、場合によっては重要ではない方を点

4　グラフ

線にするなどの工夫をします。

――― 問題 44 の解説 ―――

では、問題 44 はどうでしょうか。ここでも、ダイヤグラムを描いてみます。

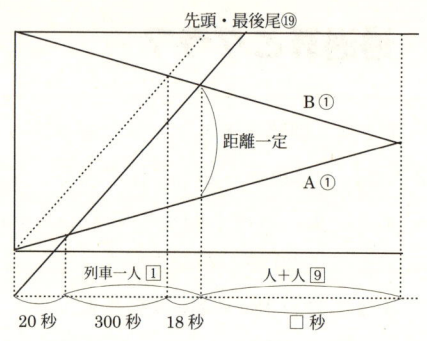

AとBの速さは同じなので、18秒は人と列車の速さの和の時間で、20秒は人と列車の速さの差の時間です。距離はどちらも列車の長さなので、和も差も同じだから、和の時間：差の時間＝ 18秒：20秒＝ 9：10 です。和の速さと差の速さの比は、時間比の逆比なので、和の速さ：差の速さ＝ 10：9 となり、列車の速さの比は、速さの和差算で求められます。

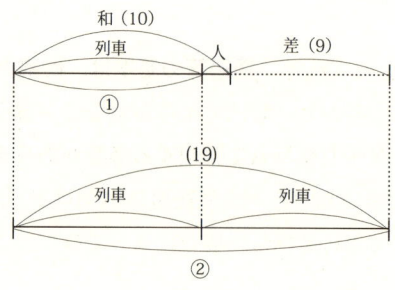

列車の速さは、(10 ＋ 9) ÷ 2 ＝ 9.5、人の速さは (10 － 9) ÷ 2 ＝ 0.5 で、列車の速さ：人の速さ＝ 9.5：0.5 ＝ 19：1 となります。この問題の速さの比も、速さの和差算になっています。なので基本がわかっていれば、線分図はいりません。

列車の最後尾と A が離れてから、B と出会うまでは 5 分＝ 300 秒と 18 秒をたした、300 ＋ 18 ＝ 318 秒後で、このとき A と列車の最後尾が離れた距離と、列車の最後尾と B が離れてから A と出会うまでの距離は同じだから、列車と人の速さの比と人と人の速さの和の比の逆比が、時間比です。

列車の速さと人の速さの差の比：人の速さの和の比＝ 19 － 1：1 ＋ 1 ＝ 9：1 なので、時間比はその逆比となり、1：9 ＝ 318 秒：□秒、□＝ 2862 秒＝ 47 分 42 秒と A、B 2 人が出会うまでの時間を出すことができます。

■問題 45　音の問題

> 2 せきの船 A、B が向かい合って進んでいます。1 時間に進む速さは A が 36km、B が 27km です。A が汽てきを鳴らし、それを聞いてすぐ、B も汽てきを鳴らし返しました。A が汽てきを鳴らしてから 17 秒後に B の汽てきが A に聞こえました。音は 1 秒間に 340 m 進むものとし、汽てきの長さや船の大きさは考えないものとして、次の問いに答えなさい。
> (1) A、B は 1 秒間にそれぞれ何 m 進みますか。
> (2) A が汽てきを鳴らしてから何秒後に、B はそれを聞きましたか。
> (3) A と B との距離が 1.4km になるのは、A が汽てきを鳴らしてから何分何秒後ですか。
> 　　　　　　　　　　　　　　　　　　　　　　（学習院女子中）

4　グラフ

【解説 45】

音の問題と線分図

音の問題は、単純な条件なら、通過算と同じように、距離と時間の線分図で十分でしょう。ただし、条件が複雑なときや、旅人算の要素の方が強くなれば、ダイヤグラムが必要になってきます。

> ある人が毎分200mの速さで山に向かって走っています。「ヤッホー」とさけんだら、6秒後にこだまが返ってきました。こだまを聞いてから2分24秒後に、また「ヤッホー」とさけんだら、3秒後にこだまが返ってきました。このとき、音の速さは毎秒何mですか。
>
> （六甲中）

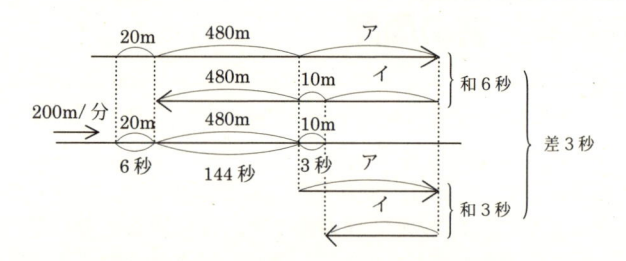

真ん中に走っている人の距離と時間の線分図をまず描きます。次に、その線分図の上に、1回目の音の往復の矢印を描き、最後に2回目の音の往復の矢印を描きます。

人の速さ200m/分は、真ん中の線分図の左端にメモしておきます。この線分図の下には、順番に6秒、2分24秒＝144秒、3秒を書き入れます。音の往復の時間6秒、3秒はそれぞれの右に、合わ

せてという感じでメモしておきます。これは、和差算で解くのではないので、これで十分です。後は暗算で 6 − 3 = 3 秒という時間の差もメモしておきます。

　距離は、分速で求めます。6 秒 = 0.1 分、200 × 0.1 = 20m で、あとは速さが一定だから、時間比と距離比が同じ事を利用します。6 秒：144 秒 = 1：24 = 20m：□m、□ = 480m、6 秒：3 秒 = 2：1 = 20m：□m、□ = 10m、です。

　2 回目の行きの距離をア、帰りの距離をイとすると、1 回目のそれ以外の距離の合計は、20 + 480 + 480 + 10 = 990m です。これを時間の差である 3 秒でいったのだから、音の分速は 990 ÷ 3 = 330m / 分、となります。

――――――――― 問題 45 の解説 ―――――――――

(1) は基本の速さの単位換算ですが、通過算では、条件や答えは時速だが、途中の式では秒速で式を立てることはめずらしくありません。しかも、距離の単位も km を m に換算します。

そこで、この単位換算には $\dfrac{18}{5}$ を利用することをお勧めします。

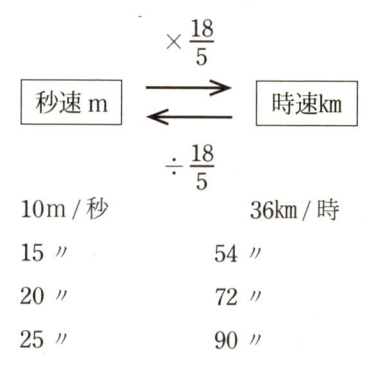

$$\boxed{秒速\ m} \quad \underset{\div \frac{18}{5}}{\overset{\times \frac{18}{5}}{\rightleftarrows}} \quad \boxed{時速\ km}$$

10m / 秒	36km / 時
15 〃	54 〃
20 〃	72 〃
25 〃	90 〃

4 グラフ

時速□kmを秒速○mに直すときは、$\frac{18}{5}$（または、3.6）でわり、逆の時はかけます。

なので、Aの秒速は、$36 \div \frac{18}{5} =$ 秒速10 m、Bの秒速は、$27 \div \frac{18}{5} =$ 秒速7.5 m、です。

(2) については、距離と時間の線分図を描きます。

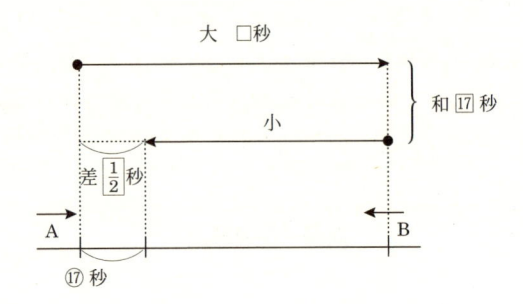

音の秒速とAの秒速の比は、340：10 ＝ 34：1、です。同じ距離にかかる時間比は速さ比の逆比になりますから、音の時間：Aの時間＝ 1：34 ＝□秒：17秒、□＝ $\frac{1}{2}$ 秒、これが音の行きと帰りの時間の差です。行きと帰りの和は、初めから17秒とわかっているので、あとは和差算の基本通り、大を求めれば、行きの音の時間がわかります。$(17 + \frac{1}{2}) \div 2 = \frac{35}{4}$ 秒 ＝ $8\frac{3}{4}$ 秒です。

(3) さて、問題は (3) です。1.4kmとはなにか、なぜ、秒速7.5 mという数字が選ばれたのか。

この問題自体は、数字や計算が面倒であることをのぞけば、ごく普通の旅人算です。だから、図はダイヤグラムになります。

第2章　文章題編

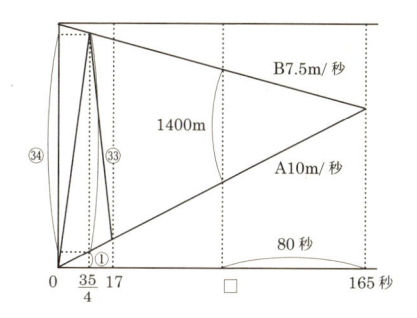

(図)
B7.5m/秒
1400m
A10m/秒
80秒
㉞ ㉝ ①
0 35/4 17 □ 165秒

　(1)で求めたAとBの秒速の和は、$10+7.5=\dfrac{35}{2}$m/秒で、(2)で出した時間が、$\dfrac{35}{4}$秒です。ここでまず、35という数字がつながりました。次に、音とAの速さの比は34:1だから、同じ時間に進む音とAの進む距離の比も㉞:①です。ということは、AとBが出会う距離は、㉞－①＝㉝、となります。また、音の速さの秒速340mと距離の比である㉞も約分して消しあえます。

　最後に、1.4km＝1400mですが、AとBの速さの和である、秒速$\dfrac{35}{2}$mの分子である35の倍数です。だから、1000mなどに比べても、計算しやすい数字になっているのです。

　結論として、この問題は、いったんAとBを出会わせてから、1400m戻ればいい、と考えます。$340\times\dfrac{35}{4}\times\dfrac{33}{34}\div\dfrac{35}{2}=5\times33$＝165秒がAとBが出会う時間で、そこから1400m戻すと、$1400\div\dfrac{35}{2}=80$秒なので、(2)で出した時間も含め、$8\dfrac{3}{4}+165-80=93\dfrac{3}{4}$秒後、と求めることができます。

4 グラフ

■問題46 流水算とグラフ

　A君とB君がボートをこぐ速さは、流れのないところでA君は1分間に72m、B君は1分間に84mです。ある川のP地点から2人は同時にボートで出発して、上流のQ地点へ向かいました。途中でB君が5分間だけこぐのをやめ、ただ流されたために、2人は同時にQ地点に着きました。その後2人は同時にボートでQ地点を出発して下流に向かいました。途中でB君が5分間だけこぐのをやめ、ただ流されていたために、2人は同時にP地点の下流840mのR地点に着きました。

(1) A君がP地点からQ地点へ行くのに何分かかりましたか。
(2) この川の流れの速さは1分間に何mですか。
(3) P地点からQ地点までは何mですか。

(桐朋中)

【解説46】

流水算と例外

　流水算の基本は、速さの線分図です。出題数はあまり多いとはいえませんが、**出された場合には差がつく可能性もあるので、注意は必要**でしょう。
　ただ、流水算といっても速さではあるので、ダイヤグラムで整理する場合もあります。速さの線分図を描きながら、うまく分析するといいでしょう。

第2章　文章題編

―――― 問題46の解説 ――――

　とりあえず、次のようにダイヤグラムを描いた後で、追加して速さの線分図を描いてみます。ここでは、川の速さを□m/分としています。

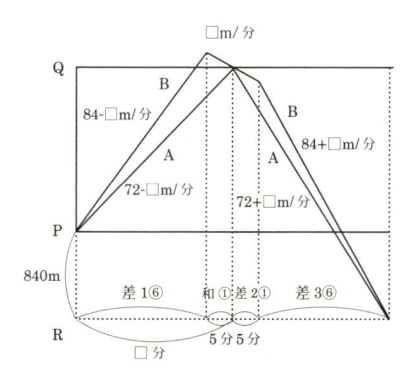

```
                    □m/分
        Q          /\
         \    B   /  \
          \84-□m/分   \   B
           \    /      \
            \  / A  A   \ 84+□m/分
             \/        \/
         72-□m/分    72+□m/分
        P
       840m
        |  差1⑥  和①差2①  差3⑥
        R
              5分5分
           □分
```

　途中で休憩をする問題は、途中で休むのではなく、最初か最後に休むのが基本です。この問題では、行きでは最後にこぐのをやめ、帰りは最初にこぐのをやめて図をつなげてみました。

　行きのはじめの時間は、Bの上りとAの上りの差の速さです。これを差1の時間とします。

　行きのあとの5分は、Bは流されただけなので川の速さ＝□m/分と同じで、Aは上りの速さ＝72－□m/分で、2人の速さの和です。

　これを速さの線分図にすると次のようになります。

※ 181 ※

4 グラフ

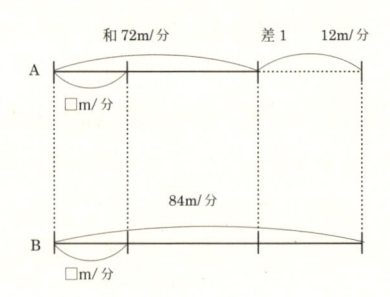

```
           和 72m/分      差 1  12m/分
      ┌──────────────┐   ┌──────┐
    A ├──────────────┼───┼──────┤
      □m/分
      
                 84m/分
      ┌──────────────────────┐
    B ├──────────────┼───────┤
      □m/分
```

Aの上りの速さとBの上りの速さの差1は、

84 − □m/分 − (72 − □m/分) = 12m/分

と、Aとの静水時の速さである72m/分とBの静水時の速さである84m/分の速さの差、84 − 72 = 12m/分と同じになります。

上の線分図によって、Aの上りの速さである72 − □m/分に川の速さである□m/分をたした和を考えると、72 − □m/分 + □m/分 = 72m/分になります。

となると、(1)では、速さ比が差1:和 = 12m/分:72m/分 = 1:6なので、時間比は逆比になり、⑥:①なので、A君がPからQに行く時間の比は、⑥+①=⑦、⑦:①=□分:5分、□=35分とわかります。

(2)では、Aの下りの速さ = 72 + □m/分と流されたBの速さ = 川の速さ = □m/分の差2は、72 + □m/分 − □m/分 = 72m/分で、Aの下りの速さ = 72 − □m/分とBの下りの速さ = 84 + □m/分の差3は、84 − □m/分 − (72 + □m/分) = 12m/分で、やはりAとの静水時の速さである72m/分とBの静水時の速さである84m/分の速さの差である、84 − 72 = 12m/分と同じです。

つまり、差2の速さと差3の速さの比は、72m/分:12m/分 = 6:1と、

(1) と全く同じです。だから時間比も逆比で、①：⑥で、時間の比の和も①+⑥=⑦で同じ、QR間にかかった時間も①：⑦= 5 分：□分、□= 35 分と、当然、行きと帰りは同じになります。

A の行きと帰りの速さの差は、72 +□ m/分 −（72 −□ m/分）=□ m/分× 2、つまり川の速さの 2 倍です。

A の行きと帰りの距離の差は 840 m なので、川の速さは、840 ÷ 35 ÷ 2 = 12m/分と出せます。

(3) はもう簡単でしょう。P 地点から Q 地点までの距離は、(72 − 12) × 35 = 2100 m になります。

■問題47　時計算という例外

> 午前 10 時 30 分から、午前 11 時までの間に、12 時の方向と長針がつくる角度を考えます。
>
> この角を短針がちょうど 2 等分する時間は、午前 10 時何分ですか。
>
> （筑波大学附属中）

【解説47】

時計算の基本

時計算は、時計を描くという特徴があります。
時計算が苦手という声はよく聞きます。
しかし、ふつうの時計算であるならば、長針の速さが分速 6 度、短針の速さが分速 0.5 度、だから速さの差が分速 5.5 度、速さの和

4 グラフ

が分速6.5度、周が360度、長針が周にかかる時間が60分に決まっています。

　問題を読む前からここまで条件が決まっている算数の問題は、他にはありません。

　それでも、「やはり、時計算は苦手」といわれます。そういった場合には、これはただの旅人算なのだということをわかってもらうため、慣れるまでは、時計に合わせダイヤグラムもかかせます。というのは、時計算も、単なる旅人算なのだとわかってもらい、特別なものではないことを理解してもらうためです。

　時計算に慣れてきたら、旅人算ではなく、長針の分速：短針の分速＝6：0.5＝12：1、を利用するのもいいでしょう。

参考までに、次のことをご存知ですか。

　午前0時から正午までに時計の長針と短針が90度になるのは、何回あるでしょうか。

　1時間の間に90度になることは2回起きます。例えば、0時～1時・1時～2時で計算すると

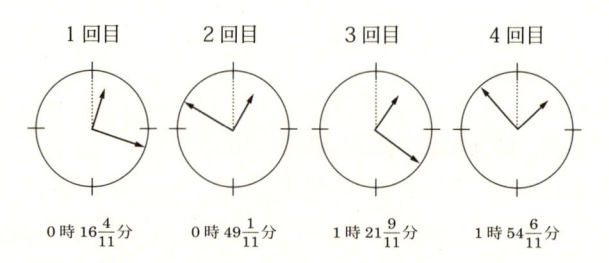

1回目	2回目	3回目	4回目
0時 $16\frac{4}{11}$ 分	0時 $49\frac{1}{11}$ 分	1時 $21\frac{9}{11}$ 分	1時 $54\frac{6}{11}$ 分

だから、この 12 時間に、$2 \times 12 = 24$ 回かというと違うのです。次の 2 時〜 3 時に注目してください。

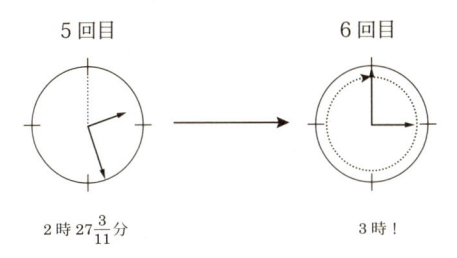

5回目 → 6回目

2 時 $27\frac{3}{11}$ 分　　　　3 時！

2 時の 2 回目はありません。3 時ちょうどになってしまうからです。同じく 8 時の 2 回目もなく 9 時ちょうどなので、12 時間で 90 度になったのは、$2 \times 12 - 1 \times 2 = 22$ 回、になります。

―――― 問題 47 の解説 ――――

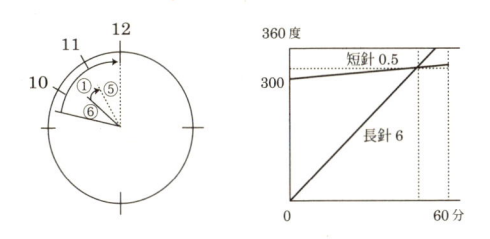

左の時計の描き方は、円を描き、上下左右を 4 等分し、あとは必要なところを 3 等分します。この問題では 9 時から 12 時のところです。12 等分はしませんし、数字も最小限だけ書きます。

時計の針は、問題文の時計を実線で、ちょうどの時刻の時計を点線で描きます。この問題は 10 時台ですが、めずらしく、10 時では

4　グラフ

なく、11時の時計を点線でいれます。さらに、長針と短針の動きを曲線の矢印でいれます。

　右に参考としてダイヤグラムを描いておきました。長針の1周が60分、360度というところまでは同じで、問題ごとに違うのは短針のスタートする場所と求める答えです。後は必要なことを書き込めばいいでしょう。

　先ほども書いたように、同じ時間に動く長針と短針の角度の比は、⑫：①なので、短針が12時の方向と長針がつくる角度をちょうど2等分する角度の比は、⑫÷2＝⑥で、短針が2等分した時刻から11時をさすまでに動く角度の比は①なので、時計の11時と12時の間の角度の比は、⑥－①＝⑤になります。これは分でいえば5分ですから、⑫にあたる分は、⑫：⑤＝□分：5分、□＝12分と分かります。

　そこで、求める時刻は、11時の12分前です。そこで、11時－12分＝10時48分と出せます。

第3章
図の描けない（描かない）問題編

　文章で条件が与えられた問題のうち、それを整理できる図が特にない問題は、苦手とする人は多いのではないでしょうか。

　それらの多くは整数の性質を考える問題で、第2章でいえば、問題38の文章題と数の性質がそれに当たります。問題38では、一応グラフを描きましたが、それで完全に整理できたわけではなく、緩やかに条件を絞っただけでした。あとは、数字の性質を考え、約数を利用して解答を導き出したわけです。本書の目的は、その問題に一番合った図を描くことで式を立て、答えを出すことですから、図を描かない、描くことができない問題は、例外だということになります。こうした問題ついては、数字の関係をうまく頭の中でつかんで、整理するしかありません。

　その基本は、連除法を利用しながら、最大公倍数や最小公倍数（問題によって公約数と公倍数や、約数と倍数）を利用するか、素因数分解の利用が考えられます。逆にいえば、やることはこの2つしかないので、短時間でしかもそれほど多くない演習量で得意分野にすることも可能です。

■問題48 **小数と分数**

次の問いに答えなさい。
(1) 0.32 をできるだけ簡単な分数で表しなさい。
(2) ある分数を小数で表して、小数第3位を四捨五入すると 0.32 になりました。このような分数のうちで、分母が最も小さいものを求めなさい。

(麻布中)

【解説48】

小数と分数

小数と分数の関係代表的なものは次の通りでしょう。

$$0.5 = \frac{1}{2} \quad 0.25 = \frac{1}{4} \quad 0.125 = \frac{1}{8} \quad 0.2 = \frac{1}{5}$$

$$0.75 = \frac{3}{4} \quad 0.375 = \frac{3}{8} \quad 0.4 = \frac{2}{5}$$

$$0.625 = \frac{5}{8} \quad 0.6 = \frac{3}{5}$$

$$0.875 = \frac{7}{8} \quad 0.8 = \frac{4}{5}$$

小数計算の基本は筆算ですが、分数計算は約分次第で暗算でもできることが多いです。また分数の分子と分母は、比例式の前項と後項の関係にもつながっています。

第3章　図の描けない（描かない）問題編

―――――――――― 問題48の解説 ――――――――――

（1）を見て、またかと思ったら、ずいぶん応用問題に慣れてきたと思っていいかもしれません。この問題を解けないことはあり得ません。とすれば、これを利用して（2）を考えなさい、とのヒントだということです。答えはいうまでもなく、$0.32 = \frac{32}{100} = \frac{8}{25}$ です。

（2）では、0.32とは何か、という問いかけに、どう答えればいいのかということになります。何ともあいまいな答えにくい問いかけだと感じるかもしれません。それに的確に答えてこそ、この問題に答えた、ということになります。

ここで結論は、2つあります。

1つは、**0.32という小数は、$\frac{1}{3}$ という分数に近い（少し小さい）**、ということです。

もう1つは、分子については8未満、1〜7を調べれば、その中に正解がある、ということです。

あとは、$\frac{1}{3}$ に分母と分子に同じ数をかけ、次に分母に1をたして、小数に直し、小数第3位を四捨五入すると0.32になる一番小さい分母の数を調べます。

$\frac{1}{3}$ $= 0.33333\cdots\cdots$ （×）（$\frac{1}{4} = 0.25$）（×）

$\frac{2}{6}$ 、 $\frac{2}{7}$ $= 0.25\cdots\cdots$ （×）

$\frac{3}{9}$ 、 $\frac{3}{10}$ $= 0.3$ （×）

$\dfrac{4}{12}$、$\dfrac{4}{13}$ $= 0.307\cdots\cdots$ （×）

$\dfrac{5}{15}$、$\dfrac{5}{16}$ $= 0.3125$ （×）

$\dfrac{6}{18}$、$\dfrac{6}{19}$ $= 0.315\cdots\cdots$ （〇）

- -

$\dfrac{7}{21}$、$\dfrac{7}{22}$ $= 0.316\cdots\cdots$

$\dfrac{8}{24}$、$\dfrac{8}{25}$ $= 0.32$

ということで、答えは、$\dfrac{6}{19}$ になります。

なお、この場合結果的に、大きい分母から調べた方が早く答えは見つかりますが、小さい方から調べるのが素直に求められるのではないかと思います。

第3章　図の描けない（描かない）問題編

■問題49　**単位分数**

$\frac{1}{12} = \frac{1}{\triangle} + \frac{1}{\square}$ となる整数△と□の組をすべて求めなさい。ただし、□は△以上であるとします。また、解答欄をすべて用いるとはかぎりません。

△	□

(開成中)

【解説49】

単位分数

分子が1の分数のことを単位分数といいます。$\frac{1}{2}$ とか $\frac{1}{10}$ などのことです。ある分数を単位分数の和で表すことをエジプト式分数といいます。古代エジプトで用いられていたからです。どうやって

求めるかを具体的な例を挙げて説明しましょう。たとえば、$\frac{5}{6}$を分解します。このとき、元の分数より小さい単位分数のうち、最大の単位分数を考えます。元の分数の分母÷分子＝商を切り上げれば求められます。$\frac{5}{6}$の場合、$6 \div 5 = 1$、なので、分母は分子に比べ1倍より大きい。つまり、最大の単位分数の分母は、$1 + 1 = 2$となります。そのあと$\frac{5}{6}$から$\frac{1}{2}$を引きます。$\frac{5}{6} - \frac{1}{2} = \frac{1}{3}$、なので$\frac{5}{6} = \frac{1}{2} + \frac{1}{3}$、となるわけです。

すべてを求める

場合の数の問題では、よく、「すべてを求めなさい」という指示が出されます。こういった問題の場合、一つでも多くの正解を描けば得点をもらえる場合が多いでしょう。ただし、図形が条件の場合の数の問題では、「裏返したり、回転すると同じ図形になったりするものを2つ以上書いてはいけません」などという注意書きがある時は、重複する答えを書くと減点される可能性が高いので、注意が必要です。

「すべてを求めなさい」という問題で最もやっていけないのは、思いついた順に書き出していき、もう見つからないからやめる、といった姿勢です。入試問題レベルでは、それではすべてを見つけるのは不可能であるばかりでなく、調べる方針がないという点からも、採点者の印象を悪くすることになるでしょう。少なくとも、プラスの評価を受けることはありえません。

「すべてを求めなさい」という問題で重要なことは3つです。

① 数え忘れをしない。② 同じものを2回数えない。③ これで

すべてだとわかって数えるのをやめる。

このためには、**種類を分けることと順番を決めることが必要**です。種類の分け方は、もちろん問題ごとに変わりますが、なるべく単純になるように心がけたいところです。順番は大きいほうからか小さいほうへということになります。

一般的な説明

この問題に関しては、分母13から24までひたすら引いていく、という説明があります。△や□に当てはまる数字は、元の分数の12よりは大きくなるので、最小は13、最大は△＝□になる時で、24です。

△	□
13	156
14	84
15	60
16	48
18	36
20	30
21	28
24	24

$\dfrac{1}{12} - \dfrac{1}{13} = \dfrac{1}{156}$ (○)

$\dfrac{1}{12} - \dfrac{1}{14} = \dfrac{1}{84}$ (○)

$\dfrac{1}{12} - \dfrac{1}{15} = \dfrac{1}{60}$ (○)

$\dfrac{1}{12} - \dfrac{1}{16} = \dfrac{1}{48}$ (○)

$\dfrac{1}{12} - \dfrac{1}{17} = \dfrac{5}{204}$ (×)

$\dfrac{1}{12} - \dfrac{1}{18} = \dfrac{1}{36}$ (○)

$\dfrac{1}{12} - \dfrac{1}{19} = \dfrac{7}{228}$ (×)

$\dfrac{1}{12} - \dfrac{1}{20} = \dfrac{1}{30}$ (○)

$\dfrac{1}{12} - \dfrac{1}{21} = \dfrac{1}{28}$ （○）

$\dfrac{1}{12} - \dfrac{1}{22} = \dfrac{5}{132}$ （×）

$\dfrac{1}{12} - \dfrac{1}{23} = \dfrac{11}{276}$ （×）

$\dfrac{1}{12} - \dfrac{1}{24} = \dfrac{1}{24}$ （○）

全部で12個のうち8個が△、□に当てはまります。

もちろん、こうした説明が、間違っているわけではありません。また、テスト中に良いアイディアが思い浮かばなければ、取り敢えずはこのようにひたすら作業をして、1通り全問を解いてから、残り時間があれば別解を考える、という手もあるかもしれません。しかし、少なくともこの解き方をしても「賢い受験生だ」とは思われないでしょう。また、問題集の解説とも授業の説明とも呼べません。少なくとも、時間があるなら、他の解き方を考える姿勢がほしいところです。

―――――――― 問題49の解説 ――――――――

まず、分数は、分母と分子に同じ数を掛けても大きさは変わりません。そして、$\dfrac{1 \times \bigcirc}{12 \times \bigcirc}$ の分母（＝ 12 ×○）は○の中が、どのような整数であっても、12の倍数になります。また、単位分数になるには、分子が1になる必要があります。分子が1になるということは、分母と約分して1になるということで、分子は12の約数であ

る必要があります。約数の問題というのは、整数のわり算の文章題と言い換えることができますが、だからこそ、積の形であるかけ算をうまく使いたいところです。

$$\left.\begin{array}{l}12 = 1 \times 12 \\ = 2 \times 6 \\ = 3 \times 4\end{array}\right\} \text{2個の組み合わせのうち、\underline{互いに素}であること。}$$
（互いに素＝1以外に公約数がないこと）

この6個の12の約数のうち、2個の和の組み合わせを取り出し、それを分子にすれば、分解したときに必ず約分されて1になります。ということは、分母のほうはこの和をかけてやれば、大きさに変化がないことになります。ただし、ここで注意しなければならないのは、この和の組み合わせは互いに素でなければならないということです。というのも、たとえば、1＋2と2＋4は2＋4のそれぞれの数を2でわると同じになってしまうからです。

	分子	分母					△	□
①	$1+1=2$	$12 \times 2 = 24$	$\dfrac{1}{24}$	、	$\dfrac{1}{24}$		24	24
	$1+2=3$	$12 \times 3 = 36$	$\dfrac{1}{36}$	、	$\dfrac{2}{36} = \dfrac{1}{18}$		18	36
	$1+3=4$	$12 \times 4 = 48$	$\dfrac{1}{48}$	、	$\dfrac{3}{48} = \dfrac{1}{16}$		16	48
	$1+4=5$	$12 \times 5 = 60$	$\dfrac{1}{60}$	、	$\dfrac{4}{60} = \dfrac{1}{15}$		15	60
	$1+6=7$	$12 \times 7 = 84$	$\dfrac{1}{84}$	、	$\dfrac{6}{84} = \dfrac{1}{14}$		14	84
	$1+12=13$	$12 \times 13 = 156$	$\dfrac{1}{156}$	、	$\dfrac{12}{156} = \dfrac{1}{13}$		13	156
②	$2+3=5$	$12 \times 5 = 60$	$\dfrac{2}{60} = \dfrac{1}{30}$	、	$\dfrac{3}{60} = \dfrac{1}{20}$		20	30
③	$3+4=7$	$12 \times 7 = 84$	$\dfrac{3}{84} = \dfrac{1}{28}$	、	$\dfrac{4}{84} = \dfrac{1}{21}$		21	28

(2、4)(2、6)(2、12)(3、6)(3、12)(4、6)(4、12)(6、12)は、互いに素ではないので調べる必要はありません。もう既に調べてあります。

こうして互いに素に気を付けながら、約数を利用して解けば、無駄な分数の引き算をする必要はありませんし、また、すっきりと正しい答えを導くことができます。

■問題50　**約束記号**

整数 A の各位の数を 1 けたの整数になるまでたした数を〈A〉で表します。例えば、〈48〉は、4 + 8 = 12、1 + 2 = 3 なので、〈48〉= 3 です。

次の各問いに答えなさい。

(1) 〈10〉+〈11〉+〈12〉+〈13〉+〈14〉+〈15〉+〈16〉+〈17〉+〈18〉+〈19〉を求めなさい。
(2) 〈A〉= 5 となる 3 けたの整数は全部でいくつありますか。

(渋谷教育学園幕張中)

【解説 50】

ていねいに調べること

場合の数の問題では、ていねいに調べることは、ときには必要です。たとえば、次のようなサイコロについての問題はどうでしょうか。

第3章　図の描けない（描かない）問題編

> 　1個のサイコロを何回か投げて、出た目を加えたら6になりました。目の出方は何通りありますか。ただし、目の出方を数えるときは、例えば、投げた順に2、1、1と1、2、1と出るのとは、ちがう出方と考えます。
>
> （栄光学園中・改題）

この問題は、ていねいに調べる方法と式だけでコンパクトに出す方法があります。

まず場合分けして、1つ1つ調べてみます。ここではサイコロを投げる回数で分けていきます。

ア	1回	6	1通り
イ	2回	5＋1	$2 \times 1 =$ 2通り
		4＋2	$2 \times 1 =$ 2通り
		3＋3	$1 \times 1 =$ 1通り
			$2 \times 2 + 1 =$ 5通り
ウ	3回	4＋1＋1	3通り
		3＋2＋1	$3 \times 2 \times 1 =$ 6通り
		2＋2＋2	1通り
			$3 + 6 + 1 =$ 10通り
エ	4回	3＋1＋1＋1	4通り
		2＋2＋1＋1	$\dfrac{4 \times 3}{2 \times 1} =$ 6通り
			$4 + 6 = 10$通り
オ	5回	2＋1＋1＋1＋1	5通り
カ	6回	1＋1＋1＋1＋1＋1	1通り
			$1 + 5 + 10 + 10 + 5 + 1 = 32$通り

これに対し式で求める方法は、6個の○に仕切りを入れるか入れないかで考えます。

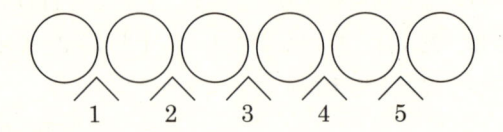

○○○○○○
　1　2　3　4　5

6個の○を並べて、その間の数を考えると、植木算を利用すれば、6－1＝5か所あります。そこに仕切りを入れるか入れないかを考えます。たとえば、すべてに仕切りを入れると、6＝1＋1＋1＋1＋1＋1を表します。1つも入れないと6＝6のことです。間1にだけ入れると、6＝1＋5のこと表します。

そこで、それぞれの間に仕切りを入れるか入れないかの2通りがあるので、2×2×2×2×2＝32通り、と出せます。

この問題に関しては、確かに式だけで出す方がはるかに早いでしょう。ただ、**書き出す練習をしてもいい**かもしれません。

一般的な説明

この問題を解くとき一般的には、1つ1つを調べるようです。

1回で5になるのは、5＋0＋0、4＋1＋0、3＋2＋0、3＋1＋1、2＋2＋1で、1通りが1個、4通りが2個、3通りが2個あります。

2回で5になるのは、1回目でたして14か23になる3けたの数です。14となるのは9＋5＋0、9＋4＋1、9＋3＋2、8＋6＋0、8＋5＋1、8＋4＋2、8＋3＋3、7＋7＋0、7＋6＋1、7＋5＋2、7＋4＋3、6＋6＋2、6＋5＋3、6＋4＋4、5＋5

第3章　図の描けない（描かない）問題編

＋4です。23は、9＋9＋5、9＋8＋6、9＋7＋7、8＋8＋7、です。つまり、6通りが9個、3通りが8個、4通りが2個、2通りが1個です。

　3けたの数の最大は999で、たすと、9＋9＋9＝27、2＋7＝9なので、2回で1ケタになります。だから、3回で5になることはありません。

　なので、両方を合わせて、6×9＋3×（2＋7）＋4×（2＋2）＋2×1＋1×1＝54＋27＋16＋2＋1＝100個、というように、ていねいに調べるというのです。

　しかし、これを実際のテストで行うとしたら、かなりの時間が必要でしょう。しかも、普通の受験生が1回で正解を出すのは、難しいのではないかと思います。

―――――― 問題50の解説 ――――――

　この問題は、(2)を先に説明します。3けたの整数は、999－99＝900個です。和は、1～9、まですべて均等に表れるので、和が5になるのは、900÷9＝100個。ほぼ秒殺です。

　ポイントはいつものように(1)にあります。この問題は、約束記号の規則に慣れるための問題ではありません。ただ(1)を正解するだけならば、〈10〉が1＋0＝1であることに気をつけさえすれば（1～10の和の55とかん違いしなければ）、$(1＋9)×9×\frac{1}{2}＋1$＝46であることは問題ないはずです。

　ただし、ここで大切なのは、〈1〉＝1、〈2〉＝2、〈3〉＝3、……〈9〉＝9、〈10〉＝1、〈11〉＝2、……と、1、2、3、……9、1、2、

……といく規則を繰り返されている、ということです。ということは、〈100〉＝1、〈101〉＝2、〈102〉＝3、……〈108〉＝9、〈109〉＝1、〈110〉＝2、……〈998〉＝8、〈999〉＝9と同じく繰り返すことが、わかります。なので、1〜9までが同じ回数出てくるので、先ほどの単純な式で求められるのです。

おわりに

　本書は、「図」に着目しながら、「比」を利用して解く、ということを中心に中学受験算数の応用問題を説明してきました。

　学習塾や家庭教師の算数の先生は、算数が得意な人がほとんどです。それは、まああたり前のことです。ですから、複雑な数字にも強いですし、ねばり強く、ていねいに調べることもできます。そして、それは算数が得意な小学生も同じです。
　ところが、おそらく90％くらいの小学生はそうではありません。算数はあまり得意ではないし、数字にも弱い。入試レベルの複雑な問題は、頭の中だけでは、与えられた条件を整理することもできません。だからこそ「図」が必要になってくるのです。
　しかし、本当に「図」が必要になってきたときに初めて「図」を描くのでは、実際には描けるようにはなりません。図を描かなくても式が立ち、答えが出せる段階から「図」を描く習慣をつけているからこそ、難度が上がっても、「図」を描くことができるようになります。
　「図」は、たとえるなら、「地図」のようなものです。初めて行く場所があったとき、「地図」があれば便利ですし、たどり着ける可能性は高くなります。「地図」なしでカンをたよりに行こうとしても、うまくいかないのではないでしょうか。

　図とともに、本書で強調したのが、「比」の利用です。
　「比」とは、なるべく簡単な整数を使って解くことである、と「は

じめに」に書きました。そうすることで、数字どうしの関係がつかみやすくなり、計算が楽になり、ミスが減り、計算する時間が少なくなります。小数計算は基本的に筆算ですが、整数、とくに1けたの整数計算は暗算です。どちらがいいかは、比べるまでもありません。

ただ、「比」を使うということは、**ただ数字が楽になるというばかりではありません。**

「比」を使うことで、多くの分野が、同時に得意にすることができる、これが「比」を使う一番のメリットなのです。

公式で答えを出すことは、ある分野が得意になっても、他の分野が得意になることはありません。なぜなら、それぞれの分野は、全く違う考え方で解くからです。割合が得意になっても、速さが解けるようにはなりませんし、平面図形がわかることもありません。平面図形と立体図形は、「図形」という点では多少の共通点はありますが、やはり別分野であることに変わりありません。

ところが、「比」を使えば、公式がある割合・平面図形・速さ・立体図形の分野は、**実はまったく同じ発想で解いている**ことに気がつくはずです。

また、グラフを練習することは、平面図形を利用することでもあるし、線分図の復習もしていることでもあります。立体図形の投影図は、平面図形と同じです。

こうした練習を通じて、算数のほとんどの分野を同時に得意にすることが可能になります。

おわりに

　ただし、本書でほとんど触れていない分野があります。

　それは、数の性質と規則性、そして場合の数です。

　数の性質は、図か描けない問題として、第3章で3問だけ取り上げました。規則性については、表のところで、多少関連ある問題に触れました。場合の数は、平面図形と立体図形の1問ずつで、その要素がある問題を説明してあります。

　これらの分野については、改めて別の機会に、良問を通じ解説する機会があればと思います。

　本書を通じて、少しでも算数に対しての理解が深まってくれればと願っています。

2014年秋

　　　　　　　　　　　　　　　　　　　　　　　　藤原　尚昭

□著者プロフィール□

藤原尚昭（ふじわら　たかあき）

私立武蔵中学校出身。
20年以上大手中学受験専門塾で算数を担当。
武蔵中・開成中対策の最上位クラスも担当。
また、家庭教師としても算数を中心に長年
指導している。

**中学受験算数
応用問題を「図」と「比」で解く！**

2014年11月5日　初版第1刷発行

著　者　藤原尚昭
編集人　清水智則／発行所　エール出版社

〒101-0052　東京都千代田区神田小川町2-12
信愛ビル4F
e-mail：info@yell-books.com
電話　03(3291)0306／FAX　03(3291)0310

＊定価はカバーに表示してあります。

＊乱丁本・落丁本はおとりかえいたします。

© 禁無断転載

ISBN978-4-7539-3277-1

中学受験を成功させる算数の戦略的学習法

- 中学受験算数専門のプロ家庭教師・熊野孝哉による解説書。開成、筑駒などの首都圏最難関校に高い合格率を誇る著者が中学受験を効率的・効果的に進めていくための戦略を合否の最大の鍵となる算数を中心に紹介。巻末には付録として「プレジデントファミリー」掲載記事などを収録。

1章　計算　算数の半分は計算力で決まるなど

2章　工夫　すべての受験生に効果的な「算数クッキー」など

3章　解法　方程式は強力な武器になるなど

4章　途中経過　途中経過は「参考書の解説」ではないなど

5章　時期別　3年生は最も学力の差が生まれる学年など

6章　塾　予習中心に切り替えれば驚くほど伸びることがあるなど

7章　過去問　早い時期に過去問を1年分解いておくなど

8章　模試　「三大模試」の利用法など

9章　その他　1週間の「持ち時間」は意外に少ないなど

10章　教材

11章　「比」をマスターするためのミニ講座

熊野孝哉・著

四六判・並製・192頁
ISBN978-4-7539-3141-5
本体1500円（税別）

中学受験の算数
熊野孝哉の「比」を使って文章題を速く簡単に解く方法

中学受験の算数において、マスターすれば有利になると言われている「比の解法」をわかりやすく解説。この本を学習すれば、今日から「比の解法」を使えるようになります。「中学受験を成功させる算数の戦略的学習法」シリーズの現役講師・熊野孝哉による参考書・第1弾。

驚異のロングセラー！

濃度算 / 速さ・旅人算 / つるかめ算 / 差集め算・過不足算 / 年令算 / 流水算 / 通過算 / 時計算 / 平均算 / 損益算 / 倍数算 / 相当算 / 消去算 / ニュートン算

四六判・並製・208頁
ISBN978-4-7539-2754-8

熊野孝哉・著

本体 1300 円（税別）

素人のあなたも
本を書いてみませんか

- あなたの貴重な体験、研究、感動を本にしてみませんか
- 大学受験、私のユニークな勉強法など受験生に役立つ情報を本にしてみませんか
- 予備校、塾の先生からのご応募も大歓迎!!
- 採用された原稿には原稿料・印税をお支払いします

素人でもベストセラーが書ける！

★エール出版社

お気軽にお問い合わせください

〒101-0052 東京都千代田区神田小川町2-12
信愛ビル4F
TEL：03-3291-0306
FAX：03-3291-0310

e-mail:edit@yell-books.com
ホームページ：http://www.yell-books.com